テクニックを学ぶ

化学英語論文の書き方

馬場由成・小川裕子 著

共立出版

はじめに

卒業研究で研究室に配属されると大抵，あなたの研究に関する英語の文献を手渡されると思います．人がやったことをどうして読まないといけないのだろう？と最初は思うかもしれません．

一方で，あなたは担当の先生から「英語で論文を書いてみませんか？」と言われて悩んだことはありませんか？　私は学生の頃に担当の先生から「化学（科学）論文は世界中の研究者から読んでもらえるように，英語で書かなくては意味がないよ！」と言われて，どうしよう？と悩みこんでしまったことがありました．

特に緒言（Introduction）がうまく書けず，必ず最初に引っかかって先に進みませんでした．何とかならないかと「化学英語論文の書き方」に関する本を片っ端から読みましたが，これは本試験間近になって「試験勉強の仕方」の本を読んでいるようなものだったのです．

そのような時代を過ごし，月日が経つにつれて要領よくなって自分なりの書き方でまとめるようになっていました．たとえば，論文の書き始めは「Introduction」ではなく，自分が一番よくわかっている「Experimental」にすればよいということが徐々にわかってきました．これを知るのに，ずいぶんと時間がかかったような気がします．世の中には数多くの「化学英語論文の書き方」の本が出版されていますが，このようなことを明記した本は一度も目にしたことはありませんでした．

良い研究をしてもそれを世界中の人に知ってもらうにはやはり英語の論文が必要になります．世の中に賢い人は数多くいるので，多くの人は簡単に英語論文を書けるのかもしれません．しかし，私のように英語論文の書き方の要領が長年かけてやっとわかり，アメリカやヨーロッパの化学英語雑誌に載るような論文を書けるようになった方も多いのではないかと思います．

英語ネイティブの研究者たちは，自分たちがやった研究を母国語で書いたり，話したりすればいいけれど，私たちはどうしても日本語→英語と考えて論文を書き，また口頭で議論せざるを得ません．若い頃は国際学会や研究内容に関する議論の場において，自分の考えていることが十分表現できず，「実験結果や研究内容では絶対に負けてないのになぁ」というニガイ思いもしたものです．

このような中で，私は以下のような化学英語のベースとなる本を学生や若い研究者に提供したいと考えました．

① 「受験英語文法」ではなく，実用的な「化学英語独特の規則性」をまとめた本を提供すること．化学英語論文は人に理解してもらうことが基本なので，文学英語とは異なり，実際によく直面する場面を想定して「よく使う文章」を例に挙げること．

② 化学英語論文は，Simple is the best! が重要であること．これで，誰でもうまく書けるようになります．

③ 「練習の繰り返し」をすること．Practice makes perfect! です！　これで自然と英語力が上がるようにします．

④ TECHNIQUE を紹介すること．41 個の TECHNIQUE が「伝家の宝刀」と呼ばれるように長く伝え続けられたらと思っています．

本書は高専学生，大学生，大学院生および研究者を対象にした，私の長い間の経験と化学英語論文の書き方の「要領とテクニック」をまとめたものです．TECHNIQUE，Remark!!! だけでも読んでもらえれば「英語論文を書いてみよう！」という気になると思います．この TECHNIQUE，Remark!!! は化学だけではなく，科学全般（薬学，生物，物理，機械，電気・電子などの分野）にも応用できるようになっています．また，▶は参考となる基本的な方針を示します．本書が少しでも皆様のお役に立てればうれしいです．

本書をまとめるにあたって，Melbourne 大学の Spas 教授が英文をチェックしてくれました．彼は，私が 2000 年にオーストラリアの La Trobe 大学に留学したときからの友人であり，彼が Melbourne 大学に移ったあとも，日豪の二国間国際共同研究（日本学術振興会）を続けてきた研究者でもあります．現在も研究交流は続いており，互いに「切磋琢磨」できる良き友人です．

本書に出てくる猫のイラストは宮崎大学大学院工学研究科の松本茉李南さんと牛崎そらさんが描いてくれました．心より感謝いたします．

最後に，本書の企画，構成および編集に熱心に協力していただいた共立出版の中川氏に深く感謝いたします．

I hope today is a good day for you!

2022 年 12 月

著　者

目　次

第2部　化学英語論文の構成と書き方

Appendix

第1部

化学英語論文のための基礎

Chapter 1

文章作成のための基礎

第１部では，化学英語論文作成の初心者に向けて，基礎となるテクニックを示す．

1.1　化学英語論文の基礎の基礎

化学（科学）英語論文で重要なことは，自分たちの研究成果を正確に表現することであり，それを多くの人々に正しく理解してもらうことである．そのためには，“正しい英語の表現”はもちろんのこと，“論理的な正しい内容”の文章であることが重要となる．

しかし，英語で文章を書くことが初めての人は，どのように書き始めていいのかわからないかもしれない．まずは，“やさしい表現で，読みやすく，簡潔に”書くことである．そのためのポイントを示す．

TECHNIQUE 1

まず，S+V の２つの単語からはじめよ！
短文をつらねて文章を構成せよ！

化学英語論文を書く場合には，基本的に「何をどうした」，あるいは「何がどうされた」というように「主語と動詞」の文を連ねていけばいいのである．

このときの，「何が」をまず決めることが重要になる．
└─主語（S）

┌─述語（V）
そして「どうした」，「どうされた」を付け加え，順序良く片付けていけば文章を構成できる．それができれば，さらにいろいろな修飾語や修飾句をつけていけばよい．

■日本語的思考と英語的思考の違い

文法的には正しくても，ネイティブの人にはわかりにくい文章がある．これは，英語圏の国民と日本人との根本的な思考法（patterns of thinking）の違いからくるものである．次の流れ図は，思考法の違いを明確に示している．

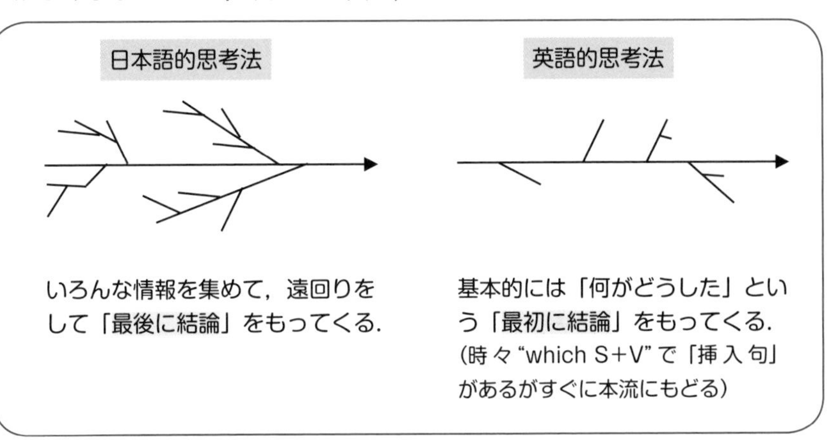

したがって，英語の文章を書くときは，「書きたいことを1つずつ順序良く書いていけばよい」ことになる．非常に書きやすい言葉なのである．

▶まず，主語（S）と動詞（V）を決めよう！

1-1 濃度と接触時間のプロットから反応速度定数を決定した．

日本語を直訳すると以下となる．

1-1a From the plots between the metal concentration and contact time, the reaction rate constant was determined.

この文章は，全体としてあたまでっかちで，文章全部を読み終わらないと何が言いたいのかわからない（いわゆる“日本式英語”である）．この場合，重要なのは「速度定数を決定した」ことであるから，まず，これを文頭に出すことが重要となる．

「**TECHNIQUE 1 まず，S+V からはじめよ**」が役に立つ．

「速度定数を決定した」→→→「速度定数は決定される」ので“受身に！”

S＝The reaction rate constant

V＝was determined

1-1b The reaction rate constant was determined from the plot between the metal ion concentration and contact time.

ついでにもう 1 つ注意しておく．英国人がいわゆる「ピン」とこない文章とは，必要な情報が抜けているのであり，日本人にとっては「それくらい想像して！」と思われることもネイティブの人にとっては重要なことなのである．

[例] 「この分子のアルキル鎖長は 28 Å である」の英訳は，次のようである．

（×）The alkyl-chain of this molecule is 28 Å.

（○）The alkyl-chain of this molecule is 28 Å *in length*.

（○）The alkyl-chain of this molecule is 28 Å *long*.

「この分子のアルキル鎖長は 28 Å である」のように，日本人はイタリックで書いた部分は当然のものとして応答しているのであろう．

また，次のようなことにも文章記述の習慣の差が見られる．

[例] 「A の吸着能力は B よりも高い」

（×）The adsorption ability of A is higher than B.

（○）The adsorption ability of A is higher than *that of* B.

このように，“long” や “that” を入れることによって，英語国民にとってはいわゆる「かゆい所に手が届く」記述になるのである．

1.2　英文作成の要領（その1）

〈主語の決め方〉

短い文で文章を構成するためにも主語の決め方は重要である．そのためには，日本語の語順に惑わされてはならない．特に化学英語論文では「客観性」を持たせるために「受身形」にする．

> TECHNIQUE 2
> **「物」を主語にし，受身形にせよ！**
> **「が」「は」「を」に惑わされるな！**

たとえば，次のような文章の下線の主語はなんであろうか？

1-2　抽出剤2gをトルエンに溶かす．
1-3　吸着率とpHの関係を図1に示す．
1-4　吸着量は溶液中の金属濃度の変化を測定することによって求めた．

解説

これらの文では，「溶かす」，「示す」，「求めた」などの行為を示す「主語」は執筆者，実験者などの「人」である．しかし，日本語の文章中にはその「主語」が出てこない．一方，英語では必ずこの「主語」がないと「文」としては成立しないのである．

そこで，日本語の主語を入れて文章をつくると以下のようになるが，化学論文としては不適切である．

1-2a　I dissolve 2 g of extractant in toluene.

この文は文法的には正しい．しかしながら，化学英語論文では「客観性」が求められるので，主観性を示す“I”は使われない．

特に，「実験に関する説明」では「物を主語」にすると“客観性”も出てきて書きやすくなる.

では，実際に 1-2〜1-4 の文章を英訳してみよう.

1-2　抽出剤２g をトルエンに溶かす.

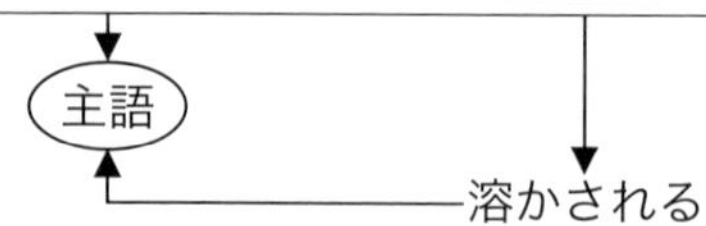

▶まず，TECHNIQUE 1 主語を探せ！ ⟹ 主語が物であれば，動詞は受身となる！

動詞である「溶かした」の対象物である「抽出剤２g」を主語にする.

1-2　*Two grams of extractant* is dissolved in toluene.

ここで，*Two grams* は複数形であるが，２g を一度に取り扱うので“１つ”と考え，“is”を使っている（“are”でも間違いではない）.

1-3　吸着率と pH の関係を図１に示す.

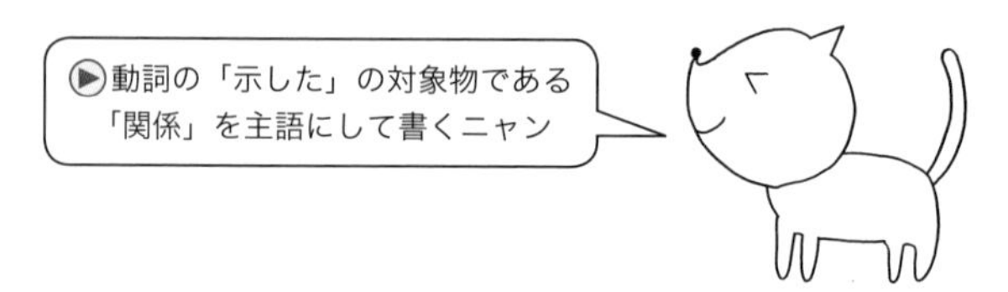

1-3a *The relationship* between the adsorption percentage and the pH *is shown* in Fig. 1.

この場合は，主語を「図 1」にしてもよい．

1-3b *Figure 1 shows* the relationship between the adsorption percentage and the pH.

“between” のあとにくる 2 個の “the” はなくてもよい．つければ限定的な意味合いが強くなる．(→“the” の省略，p. 32)

1-4 吸着量は，溶液中の金属濃度の変化を測定することによって求めた．

▶TECHNIQUE 2 の「が」「は」「を」に惑わされるな！

「吸着量は」の “は” は，まさに惑わしの “は” である．「吸着量は」を主語にすると，「求めた」と続くのはヘンである．吸着量が何かを求めたわけではないので，動詞の「求めた」の対象物の「吸着量」を主語と考え，「吸着量が求められた」と考えればよい．

1-4 The amount of metal adsorbed *was determined* by measuring the change of metal concentration in the solution.

1.3 英文作成の要領（その 2）

〈英語の発想法〉

若いときに，教授や先輩から英語の論文を書くときには「英語で考えて，直接英語で書きなさい」とよく言われたものだ．しかし，そう簡単にはいかない．ではどうするか？　初心者はやはり日本語で考えて，それを英語にしていく．そのやり方をうまくやればなんとかなる．

TECHNIQUE 3
日本語の最後の動詞の主語を探せ！

上述したように「英語の発想法」と「日本語の発想法」は逆であることを利用する．日本語で考えたとき最後の動詞が重要なのである．それを動詞にして，“S+V” をまず完成させる．

次のような日本語を英語にしてみよう．

1-5 その直線の傾きから，最小二乗法を用いて反応速度定数を求めた．

▶まず，動詞を探す

この文章の最後にある「求めた」が動詞であることは明白である．

▶主語を探す

「求められる」のは「速度定数」であり，これを “受身形” で書く．

1-5a The reaction rate constant was determined.

▶その他の修飾句を書き加える

「その直線の傾きから」⟶ “*from* the slope of the straight line”

「最小二乗法を用いて」⟶ “*using* the least-squares method”

これらを先ほどの “S+V” に付け加えると，次のような文章が出来上がる．

1-5b The reaction rate constant was determined from the slope of the straight line using the least-squares method.

さらに，「そして，それは擬一次反応が想定できる」と書きたければ，“and *assuming* pseudo-first-order reaction” をつけて，次のようにすればよい．

1-5c The reaction rate constant was determined from the slope of the straight line using the least-squares method and assuming pseudo-first-order reaction.

注意

これ以上長い文章は書かないように心がけよう！
単語数としては，平均 20 単語くらいが良いとされている．

Point！ **出発は “S+V” であることを強く認識しよう！**

Chapter 2

英語の文章表現

本章では，明快な表現を使って，論文の研究内容をいかにわかりやすく説明・解説するかの方法について記述する．そのためには次のような点に注意しよう！

①否定文ではなく，肯定文を使おう．

②日本語を変形して英文化しやすくしよう．

③その場面に最適な“動詞”を探そう．

④文章中の副詞，形容詞の特性とその配置を熟考しよう．

⑤英語の名詞には３種類あることを再認識しよう → “a” か “the” か “無冠詞” か？

⑥混同しやすい語句では → 日本語独特の表現をどう置き換えるか？

以上のような観点から，本章を注意深く何回も読み込んでいこう！

2.1　許されないあいまい表現（may, could, might の用法）

“～であろう，不適切ではない” の表現をどうするか？

日本人の論文には，may, could, might のような言葉や，以下のような複雑な言葉が用いられることが多い．このような言葉は化学英語では「許されないあいまい表現」の代表格である．

not appropriate（適切でない ⇒ inappropriate（不適切である））
not inappropriate（不適切ではない ⇒ appropriate）

研究の内容が優れていても英語の使い方によって，その論文の価値が正しく評価されていないものも多いと言われている．特に，「～と思われる：It may be considered that...」などの may, could, might の文章が多すぎるというのだ．このような “may” は「半分以下の可能性」を意味する（“as best one may：できるだけ（can の意味)” という使い方もあるが，現在は may ではなく can が使われる）．

このように「かもしれない，～ではないだろうか」などの文章や否定形を多用するよりも，肯定形で明確な文章を書くことを習慣づけることが重要である．

たとえば，受験英語を勉強した誰でも知っている以下の英文のパターンがある．

the＋比較級～, the＋比較級～

これは「～すればするほど，ますます～である」という意味である．一方，化学英語には「因果関係」を示すものが多くあり，「～すると～する」という言い方が数多く出てくる．そこで，次のような文章が出来上がる．

The higher the temperature, the faster the reaction rate.

このような表現はまちがいではなく，化学英語でもその意味を強調したいときには使われている．

しかし，化学英語ではもっと適切な表現を使うことができるのである．それでは「～すれば～する」という表現をどうするか？

(○) *As* the temperature *was raised,* the reaction rate *increased.*

(○) *Increasing* temperature *caused an increase in* the reaction rate.

(△) When the temperature *was increased,* the reaction rate *increased.*

「～すると～する」を訳するときに，一般的に “when” を使う．さらに “as” は「～だから」という意味だと思い込んでいる人がいる．

しかし上例の（△）の文章こそ “as” と用いるべきであろう．すなわち，“as” には「温度が上昇するにつれて，それに伴って」という意味を含んでいるからである．

また，“as” を「～ので，～だから」という意味に使う場合は化学英語では非常にまれであり，その代わりに “since” や “because” が用いられる．

2.2　許されるあいまい表現（consider の用法）

▶"〜と考えられる，〜と思われる"の表現をどうするか？

化学論文ではよく出てくる日本語であるが，この言葉には次の意味が含まれていることを認識することが肝心である．

①　断定
②　推定
③　予想
④　可能（「一般的には〜と考えられる」の意味）

これらのどれかを判断し，以下の TECHNIQUE 4 に従って英作文すればよい．

> TECHNIQUE 4
>
> **断定 ⟹「考えられる」の言葉は無視せよ！**
>
> **推定 ⟹**
>
> **「おそらく…」（信頼度 大）→ "probably" を用いよ！**
>
> **・It is probable（or possible）that..., It is likely that...**
>
> **probable>likely>possible（90>80>50%）**
>
> **「表面的にはみえる，思われる」（信頼度 小）**
>
> **・It seems that..., It appears that...**
>
> **予想 ⟹ "will" を用いよ！**
>
> **可能 ⟹ "It is considered that 〜" を用いよ！**

★用法例

2-1	吸着速度は粒子内拡散（intraparticle diffusion）によって制御されていると考えられる．（断定の意味）

2-1　The adsorption rate *is controlled* by the intraparticle diffusion.

2-2 吸着速度はおそらく粒子内拡散によって制御されている．（推定，信頼度 大）

2-2a The adsorption rate is *probably* controlled by the intraparticle diffusion.

2-2b *It is probable that* the adsorption rate is controlled by the intraparticle diffusion.

2-3 吸着速度は，溶液中の pH に影響されると思われる．（推定，信頼度 小）

2-3 The adsorption rate *seems to be affected* by pH of the solution.

2-4 この吸着速度を測定するのは可能である．（可能性としてはある）

2-4 *It is possible* to determine this adsorption rate.

2-5 将来，天然多糖類はこれらの膜に使われるだろう．（予想）

2-5 In the future, natural polysaccharides *will be used* in these membranes.

2-6 上の実験結果から，吸着速度は粒子内拡散律速と考えられる．（可能性）

2-6 *It is considered from above experiments that* the adsorption rate is controlled by the intraparticle diffusion.

cf. 次のような使い方もある

① This product *is considered pure.*「この生成物は純粋であると考えられる」(みなされる → 可能・推定)

② This reaction *is considered* thermodynamically *impossible*.「この反応は熱力学的に不可能と考えられる」(考えられる → 可能・推定)

③ The initial reaction of the chelate-formation *is considered to be* a two-proton displacement.「キレート生成の初期反応は，２つのプロトン置換反応であると考えられる」(考えられる → 可能・推定)

2.3 もっと使いたい表現

・indicate（示す), describe, suggest, reveal, present

(1) The experimental results *indicate* that the equilibrium relationship is correct.

(2) The data *indicate* that new extractant exhibits high selectivity toward palladium(II).

・provide（与える), give, offer

(1) The film-forming material did not *provide* selective permeation for the specified metal.

(2) The experimental data have *provided* information on the mechanism of the photolysis process.

・exert（影響を及ぼす)

Remark!!! exert は必ず on を伴う

(1) Substituent groups often *exert* an influence *on* the oxidation-reduction potential.

(2) A solvent *exerts* a strong effect *on* the solubility of acids and bases.

・appear（思われる，～のように見える)

(1) The film surface *appears* to be an important factor in adhesion.

(2) The roughness of the film surface *appears* to be related to a per-

meation coefficient.

・allow（させる）, もちろん“許す”という意味もある

（1）The oxidation of zinc powder was *allowed to* proceed under various conditions.

（2）These compounds *allowed to* stand until calcium phosphate precipitates.（stand：放置する）

・be due to, attribute to（起因する） ～は…によると考えられる

（1）The discrepancies have been considered to *be due to* the nonlinear adsorption.（discrepancy：矛盾，不一致）

（2）This effect could *be attributed to* the steric hindrance of benzene rings.

・subject to（試験にかける）, test

Remark!!! subject to は使い勝手あり！

（1）Three different kinds of specimen *were subjected to* acid exposure tests.

（2）The resulting compound *was subjected to* heat and pressure.

（3）These data *were subjected to* detailed analysis.（詳細に分析された（受ける））

・refer to A as B（参照する，呼ぶ）, call

Remark!!! refer は必ず to を伴う．ただし call A B

（1）For more detailed data, *refer to* Standard Reagent 38.

（2）Scientists *refer to* these variations *as* chemical reactions.（これらの変化を化学反応と呼ぶ）

（3）The method *is called* neutralization titration.

・relate to（～に関係する）, correlate with, associate with

Remark!!! refer to と置き換えが効く

（1）This paragraph *relates to* the adsorption on charcoal.

・take place（起こる）, occur（引き起こす）

（1）The reaction with metal *took place* on the surface of activated carbon.

・in terms of ～（～によって）

（1）The experimental results are explained *in terms of* the adsorption of cations.

・frequently（しばしば）

（1）Platinum and activated carbon have *frequently* been used as catalysts.

これらの他に以下のような表現法もある.

（1）use → utilize

（2）keep → maintain

（3）so much → great, large, to a great extent

（4）not only A but also B → B as well as A

Remark!!! **AとBが逆になることに注意！**

（5）large → great

（6）small → little, more less

（7）remarkable（著しい）→ considerable, marked, appreciable, significant

（8）suitable（適切な）→ appropriate, optimum, adequate, relevant

2.4　副詞の使い方

▶副詞は主に文全体の修飾，形容詞，動詞および他の副詞を修飾する役割をする．文の中のどの位置におくかはケースバイケースであるが，一般的な位置は覚えておこう．

TECHNIQUE 5　　副詞の位置

① 文全体 ⟹ 文頭に

② 動詞／be 動詞 ⟹ 直後

③ 動詞＋目的語 ⟹ 目的語の後

④ 副詞や形容詞 ⟹ 直前に

[例]（×）*Especially*, it is important to measure the reaction rate.
（○）It is *especially* important to measure the reaction rate.

▶文全体を修飾する時は, “especially”, “generally” や “particularly” は使用せず, “in particular”, “in general” や “in conclusion” を使用する.

▶一方, “accordingly, furthermore, in addition, alternatively, consequently, on the contrary” などは文頭におかれることが多い.

[例] *Basically*, their reactions are the same as those described in the previous paper.

[例] Reactions in homogeneous solution proceeded *rapidly*.

[例] The equilibrium was *almost* completed in 10 min.

[例] The ionic interaction binds the two molecules *tightly*.

[例] The reaction proceeded very *rapidly*.（副詞を修飾）

[例] The *highly* selective adsorbent has been developed this time.（形容詞を修飾）

▶completely か perfectly のどっち？ ⟹ 使い分けよ！

TECHNIQUE 6

completely か perfectly か？

completely（complete） ⟹ 量的な完全さ

perfectly（perfect） ⟹ 質的な完全さ

[例] The adsorption equilibrium was attained almost *completely*.

[例] The structures of all crystals are ideally *perfect*.

2.5　形容詞の使い方

（1）まず「形容詞」は「名詞および代名詞」を修飾するときに用いることを再認識しよう．

every, each

“every” は「一集団のすべて」，“each” は「個々のひとつずつ」を指し，これらの次にくる名詞は「必ず単数形」である．“every” は形容詞としてだけ使用し，“each” は「代名詞，形容詞，副詞」として使用できる．

［例］ *Every beaker was* cleaned before you begin the experiment.（1つ残らずの意味）

［例］ *Each bath was* equipped with a thermometer.（equipped with... は，「…を取り付けた」の意味となる）

［例］ Two solutions were prepared which contained 3 g of sodium chloride *each*.（それぞれ 3 g の食塩を含んだ 2 種類の溶液を調製した）

all, both

形容詞の “all” は単数形，複数形の両方の名詞を修飾できるが，“both” は複数名詞だけを修飾する．

［例］ *All reagents* were used without further purification.（精製することなしに）

［例］ *Both solvents* were refluxed.

これらは，代名詞や副詞としても用いられることがある．

［例］ *All* of products were purified.

［例］ *All*（=Everything）was removed.

［例］ *Both* are *not* right.（両方とも正しいわけではない：部分否定）*[1]

［例］ *Both* are wrong.（両者とも悪い：全部否定）

［例］ Hexane was *all* removed.（副詞的使用法）

ここで“all”は不特定な物[*2]を表す代名詞（＝不定代名詞）として用い，述部動詞は「単数形」であることに注意しよう．最後の［例］は副詞で「すべて，すっかり」の意味である．

a few, several, some, many, a number of

▶不特定の数を表す形容詞で，これらの言葉は確かな数を示す必要がないときに使用される．数の量としては，a few＜several＜some＜many＜a number of の順に「2−3」，「3−4 or 5−6」，「いくらかの」，「多くの」，「多数の，いくらかの」の感覚であろう．

▶特に，「少量」を表す場合は“a small number of...”で表し，「多数」を示す場合は，“a large number of...”，“numbers of...”を用いるとよい．これらの場合は可算名詞につけるから，これを受ける「動詞」は複数形となる．

［例］ *A number of* techniques *were* used to determine the metal concentration in the aqueous phase.

cf. *A small amount of* concentrated nitric acid *was added* to the solution.（***A small amount of* は単数形で受ける，p. 77**）．

few, a few, little, a little

▶可算名詞の場合は“few, a few”を使用し，不可算名詞の場合は，“little, a little”を用いる．few papers（days, hours, examples, atoms, reports, particles, methods, studies）などがあり，little water（stability, doubt, change, effect, attention）などである．

▶“a few”は「少数の」という意味であり“a little”は「少量」という意味である．“a”がないときは「ほとんど…ない」という意味で使われる．

［例］ Addition of *a little more* amine will dissolve the precipitate.（もう少

＊1 all, always, both, every と not との組み合わせで「部分否定」になるが，化学英語論文では避ける方がよい．

＊2 “all”が「人」を表す場合には複数扱いになる．
［例］ *All*（= Everybody）*were* present.（みな出席していた）
［例］ *All* of us *have to* go.（我々みな行かねばならない）

しアミンを加えれば，沈殿は溶けるでしょう）

［例］ *A little amount of* ammonia（×）

［例］ *A small amount of* ammonia（○）

［例］ There are *few examples* of the adsorption of precious metals.

［例］ *Few papers* have been published on the adsorption of phenol.（ほとんどない）

［例］ *Little attention* has been given to the field of biochemistry.（ほとんど注目されていない）

> **TECHNIQUE 7**
>
> **few, a few, little, a little ⟹ "a" がなければ「ない」の意味**
>
> **"quite a few" ⟹「かなり多数の」の意味**
>
> **"very few" ⟹「ごくわずかの」の意味**

▶注意してほしいのは "a few" に "quite" がつくと「ごく少数」ではなく，「かなり多数の」という意味になることである．

［例］ *Quite a few papers* have been published recently on the synthesis of mesoporous silica.（メソポアシリカの合成について，最近かなり多くの論文が出されている）

large, great（大きい），small, little, more, less（小さい），high（高い（速い））

数の大小を比較するときは，A is larger than B というから，化学英語での大小の表現は，すべて large と small で済むと思っている人が案外と多いことに気づく．たとえば，「程度を示す場合は」large ではなく great を用いる．

（1） The reaction rate was *greater* at high concentrations of added potassium chloride.

（2） The initial rates of desorption are much *higher*.（initial rates：初期速度）

great の対語は little または small であり，なお little の比較級 less または lesser であることを念のために示しておく．

(3) The spectrum is *little* affected by the addition of acid.

(4) Other impurities exert *less* influence on the electric resistance than iron.

Remark!!!

「…がない」の便利な言い方

① "nitrate-*free* water", "sulfur-*free* petroleum"（ハイフンを使う方法）

② "*is free from* water"（*be free from* で「含まない」という意味）

The absolute ether *is free from* water.（無水（absolute）エーテルは水を含まない）

The drinking water *is free from* nitrate.

cf. "free" が「遊離の」の意味で使用されるときは，**「free＋名詞」**で使う．

［例］ Acidic dyes have affinity for natural fibers with *free* amino groups.（遊離のアミノ基）

---

(2) be 動詞＋of＋名詞＝形容詞の働き

▶"of＋名詞" は，形容詞句として使われる便利な方法である．

［例］ This reaction is *of interest*.

2.6 名詞のいろいろ

まず，名詞と冠詞との関係を名詞の方から見てみよう！

英文法の教科書では，名詞を以下に示す 5 種類に分けている．

1. 普通名詞（同種類の人物または事物に共通に用いられる名詞）
2. 物質名詞（一定の形をもたない物質で数えられない名詞）
3. 集合名詞（いくつかの個体が集まった集団につけられた名詞）

4. 抽象名詞（事物の特性や性格・状態・活動または一般的概念を示す名詞）
5. 固有名詞（1 つしかないものに限って用いられる固有の名詞）

化学英語論文で重要なものは，「物質名詞（metal, paper, water, oxygen など）」と「抽象名詞（efficiency, difference, information など）」である．これらは単数形で用いることが高校の英文法の教科書には明示されており，「これらの名詞には “s” をつけない」と思いこんでいる人がいる．たとえば，水は物質名詞だから “a” をつけたり “waters” とはしない．“a glass of water” とか “a cup of coffee” とすれば合格なのである．

しかしながら，化学英語論文ではこのような「物質名詞」が多く用いられ，また「操作」，「考察」などの記述では「抽象名詞」が頻繁に出てくる．これらの名詞は，しばしば「普通名詞化」されて「複数形」で使用される．

(1) 名詞はまず大きく 3 種類に分けられることを認識しよう！

> **TECHNIQUE 8**
>
> **英語の名詞には，以下の 3 種類があることを認識せよ！**
>
> **① 数えられる名詞（Countable noun）………可算名詞**
>
> **② 数えられない名詞（Uncountable noun）…不可算名詞**
>
> **③（C）と（U）の 2 つの意味を持つ名詞**

(2)「可算名詞」とは？

「数えられる名詞とは？」，当然 1 つ，2 つと数えられるものであるが，たとえば，「方法」や「プロセス」は少し理解しにくくなるが，他の同種のものと区別できるという「可算名詞」の特長は有している．「あのプロセス，このプロセス」と区別できるから「可算名詞」となる．“centimeter, volt” などの単位もこのグループに含まれる．

なお，“an” は，名詞の発音（つづりではないことに注意）が母音で始まる場合に用いる．ここで使える形容詞は “a few, many, a large number of, numerous" などがある.

(3)「不可算名詞」とは？

数えられない名詞（U）は，固有名詞が最も多い．その他に，このグループに入る単語は多くないので覚えた方がよい．このグループの名詞は，複数形をとることはなく（決して "s" のつかない単語），常に単数扱いである．"the" がつくか，無冠詞である．

advice（助言）　equipment（装置）　apparatus（機器類）
machinery（機械）　evidence（証拠）　progress（進歩）
information（情報）　dependence（依存性）　evolution（発生）
knowledge（知識）　behavior（挙動）
character（性質，「文字」の意味では可算名詞）　time（時間）
work（仕事）　heat（熱）　light（光）　damage（損害）
safety（安全）　space（空間）　infinity（無限大）
knowhow（ノウハウ）　news（単数扱い）　piping（管）
hardware（ハードウエア）　software（ソフトウェア）
tooling（手仕事，道具）　tubing（管）　wiring（配線）

ただし，knowledge（知識），behavior（挙動）については，最近では可算名詞としても用いられている．

以上述べたこれらの単語は数えられないので，もちろん数詞（one，two）をつけない．この場合は "a piece of ～, a type of ～, a kind of ～" を使う．ここで使える形容詞は "much, little, not a little, a good deal of, a large amount of" などである．なお，"a lot of ～, lots of ～, a bit of ～, plenty of ～" は可算・不可算名詞のいずれにも使用できるが，可算名詞を受ける動詞は複数形を，不可算名詞を受ける動詞は単数形になることに注意しよう．

［例］ We have *lots of*（=*much*）*information* from DNA.

［例］ We reported *some of the information* obtained from RNA.

［例］ A large number of papers *have been* published in the past decade.

［例］ There *are many pieces of*（=*much*）expensive *apparatus* in your laboratory.

「多くの証拠」という意味であるが，複数形にはしない．

［例］（×）*Many evidences were* obtained.

［例］（○）There *is a lot of evidence.*

［例］（○）*Much evidence was* obtained.

［例］（○）This is sufficient *evidence* that palladium ion is not adsorbed.
（evidence は不可算名詞なので “the” をつけてもよいが，“the” がつきにくい言葉として挙げられる．

これには，他に “support” や “information” がある．

> TECHNIQUE 9
>
> **普通名詞と集合名詞（可算名詞：(C)）**
>
> **単数形と複数形があり，単数形には “a” あるいは “the” がつく**
>
> **複数形には無冠詞，あるいは “the” をつける**
>
> **抽象名詞，固有名詞，物質名詞（不可算名詞：(U)）**
>
> **複数形をとることはなく，常に単数扱いである**
>
> **”the” がつくか，無冠詞である**

（4）その名詞は「可算名詞」それとも「不可算名詞」？

Remark!!! （U）と（C）の２つの顔をチェックせよ．

① この場合の使い分けが非常に我々を悩ませるところであるが，簡単に言えば，（U）として用いる場合は，抽象的にひとまとめにして捉えているのに対して，（C）として用いる場合には，具体的，個別的に捉えていることが多いようである．たとえば，「分析結果」は analytical result, analysis result としやすいが，analysis の１語でよい．このように，「具体的な分析結果」を意味しており，これこそが（C）としての用法なのである．似た例としては calculation（計算結果），measurement（測定結果）がある．

② （U）と（C）の２つの顔をもつこのグループには，以下のようなものがあ

る．

(i) 動詞や形容詞から派生したもの

ability（能力），detection（検査），existence（実在），explanation（説明），measurement（測定），observation（観察），presence（存在），tendency（傾向），advance（進歩），proof（証明）

(ii) 物質名，物理量，元素名

gold（金），iron（鉄），atmosphere（雰囲気），paper（紙），effect（効果），energy（エネルギー），theory（理論），force（力），pressure（圧力），stress（応力），temperature（温度），metal（金属），plastic（プラスティック），rubber（ゴム），carbon（炭素），hydrogen（水素），sand（砂），nitrogen（窒素）

(iii) 集合名詞

family（家族），equipment（装置），furniture（家具），machinery（機械）

(5)「～というもの」の意味を示す "a" と "the"

Remark !!! 名詞と "a" と "the" の関係の使い分けは？

▶原則的には「～というもの」の意味で冠詞をつけるときには，"a" でも "the" でも，それから複数でもどちらでもよい．

① A molecule consists of elements.

② The molecule consists of elements.

③ Molecules consist of elements.

これらの例からもわかるように，抽象名詞や物質名詞も普通名詞化し，同時に複数形にして一般性を表すことが非常に多いのである．

しかしながら，それが論文の途中に現れてくると，"The" とあるから，ある特定のことかと勘違いすることがあるかもしれない．そのことを防ぐために**「化学英語では，複数形で一般性を示す」**のである．

[例] Adsorption *phenomena* of *ions* and uncharged *substances* can be distinguished by the treatment of *isotherms*.（単数形：phenomenon)

[例] Many chelate *reactions* are homogeneous *processes*.

(6) 物質名詞と抽象名詞につける“a (an)”

いくつかある中の「ある1つの (a certain＋単数名詞)」という意味を表したいときは「単数形」にした普通名詞および集合名詞をつける．このルールは普通名詞化した抽象名詞あるいは物質名詞についても同様である．

[例] The aqueous solutions were prepared from *a purified solution* maintained at pH 6 at *a LiCl concentration of 0.1 mol dm*$^{-3}$.

ただし，これらのルールは要旨 (Abstract) の中で初めて話題となったときであり，2回目からは“The”をつけなければならない．

[例] The pH of the aqueous solution was kept constant by *an addition of* 0.1 mol dm^{-3} of NaOH.

[例] *The addition* of NaOH was carried out every three minutes.

(7) 抽象名詞，固有名詞および物質名詞 (数えられない名詞) は普通名詞化される．

すなわち，次の2通りの方法がある．

> **TECHNIQUE 10**
>
> **① 不定冠詞 (a/an)＋(形容詞)＋抽象名詞**
> **(ここのa/anは「ある1つの具体的なもの」の意味)**
>
> **② 無冠詞＋(形容詞)＋抽象名詞の複数形**
> **(抽象的な性質や状態を表す)**

▶具体的なある行為，ある性質，ある状態などを表す場合

“excess” (抽象名詞)

in excess (過剰に)

an excess (＝a certain excess, ある1つの過剰の状態を示す)

“at low temperature” (低温という抽象的な状態)

at a low temperature（たとえば25℃とか0℃とかある1つの低い温度という意味で，具体的な状態を示す）

▶**「ある種の相関関係」は，“a relationship”であり，「ある1つの金属錯体」は“a metal complex”である．**また，化学の分野では，次のように“in a solution（溶液）”というように数えられないはずの“solution（溶液）”に“a”がついていることが多い．この場合には，いろいろな濃度の“solutions”があって，その中で「ある1つの」solutionという意味で“a”がつくのである．したがって“in solutions containing NaCl”ということもできる．

[例] A titration curve of magnetite was obtained in *a solution* containing 1.0 M NaCl.

cf. The compound is less stable *in solution*. この場合は「溶液状態」ではという意味であり，はっきりと物質名詞としての用法である．

▶同様に抽象名詞も普通名詞化して“a/an”をつけることが多い．なお，これらは複数形にしてもよい．（**TECHNIQUE 12, 13**も参照せよ！）

[例] The adsorption rate increased with *an* increase in temperature.（ある具体的な1つの増加を意味する）

(a) 不定冠詞の例（具体的な1つの例）

・at *a temperature* of 30℃

・at *temperatures* from 30 to 100℃

・at nitrogen partial *pressures* below 10^{-5} Pa

・*an* electrochemical *study*

・*a* straight line relationship

・in *an* 80% yield（80%という1つの具体的な収率で）

㊟ 有名な人名の式の表現に注意

(×) the Langmuir's equation

(○) the Langmuir equation

(○) Langmuir's equation

2.7 冠詞の簡単な見分け方（a, an か the か？）

(1) 冠詞の使い方

英文中に用いられる名詞には，①「～というもの」という一般的な意味と，②「あなたも知っている，あの～」という特定の意味で用いられる場合がある．英文ではそれを区別するために冠詞（a と the）によって区別している．

“a” か “the” か？

> TECHNIQUE 11
>
> **読み手と書き手の両者の既知名詞 ⟹ “the” をつけよ！**
>
> **「あなたも知っている，あの」をつけてみよ！**
>
> **両者にとって初対面の名詞 ⟹ “a/an” をつけよ！**
>
> **「ある～，～というもの」をつけてみよ！**

▶名詞が読者にとって既知であるか未知であるかによって “the” をつけたり，“a” をつけたりするのである．“the” を「あなたも知っているあの，前に話した」と訳し，“a” を「ある，～というもの」と訳してみるとどちらがよいかわかることが多い．

▶“the” は，固有名詞を除けば，単数形にも複数形の名詞にも，あるいは数えられる名詞にも数えられない名詞にもつけることができる．つまり，どんな名詞にもつけることができる．基本的には，ある名詞が読者にとって既知である場合には，“the” をつけたほうがよい．また，読者にとって既知でない初対面の “可算名詞（countable noun）” には，“a” をつけるのがよい．

[例]　*The* law of mass action was expressed as follows:

「質量作用の法則」は化学者にとっては周知のことであるから，“the” をつける．この文が文頭に出てきてもいっこうに構わない．ここで “a” が用いられると，読者は自分が知らない別の質量作用の法則かと一瞬とまどってしまうのである．

[例]　*The* UV spectrometer has been used for *the* measurement of *the* adsorption rate in solution.

UV 分光光度計というものが，一般的によく知られている方法なので "the" から始めてもよい．measurement の "the" は，それに続く "of" 以下によってかなりはっきりと限定されているから "the" をつける．しかし，最後の solution やその前の adsorption rate には，読者に対してあらかじめ説明がなければ "the" はつけられない．当然，この前にこれらの説明があるのであれば，両者に "the" を用いなければならない．

▶これに反して，最初の文で読者の知らない名詞に "the" をつけてしまうと，これは一体何だろうということになってしまう．

[例] (×) *The* potassium hydroxide solution was neutralized with hydrochloric acid.

(○) *A* potassium hydroxide solution was neutralized with hydrochloric acid.

「その水酸化カリウム溶液」とは，何だということになる．その前に "0.1 mol/dm^3" や "エタノールを含んだ" などの説明があれば，"the" を用いた方がよい．

TECHNIQUE 12

話題の対象がただ 1 つであるとき ⟹ "the"

話題の対象がただ 1 つでないとき ⟹ "a/an" か "冠詞のない複数形"

▶"a" と "the" で全然違う内容を表現できることを認識せよ！

[例] *The* solution of Eq.(1) is provided by Eq.(2).

このように書けば，(1) 式の解が 1 つしかないことを暗示しているが，以下のように書けば他にも解があることを意味していることになる．

[例] *A* solution of Eq.(1) is provided by Eq.(2).

以下に，もう少し詳しく，“a” と “the” の使い方を見てみよう.

(2) 不特定なものを指す場合

▶**「不特定なもの，一般的なもの」の意味で使われる表現には，以下の４種類の方法がある.**

> TECHNIQUE 13
>
> **① a/an＋単数形の名詞（このときの “a” は “any（どんな〜)” の意味)**
>
> **② the＋単数形の名詞（その種族全体を示す)**
>
> **③ 複数形の名詞のみ**
>
> **④ 単数形の名詞のみ（抽象名詞，固有名詞および物質名詞の場合)**

①〜③については，普通名詞と集合名詞（数えられる名詞)，④については，抽象名詞，固有名詞および物質名詞（数えられない名詞）に適用する．したがって，一般的な意味を示す場合のポイントは以下のようである.

［例］ *A nitrogen atom* has one ion pair.

▶**ここでの “a” は，「一般に窒素原子というものは」という意味で用いられており，“any”「どの〜でも」に相当する意味である.**

［例］ This is *an extractant* which is hard to prepare.「これは一般的に作りにくい抽出剤だ」

［例］ This is *the extractant* which is hard to prepare.「これは（前に話した）作りにくい抽出剤だ」

［例］ *Molecules* that dissociate into ions in solutions are called electrolytes.

［例］ *A Molecule* is the smallest particle of a substance.（*Molecules* と同じ意味)

［例］ *Salicylic acid* reacts with most alkaline earth metals.（**TECHNIQUE 13 の**④にあたる)

［例］ *Water* is the best drink in the world.（水は世界で一番の飲み物である）
cf. *The water* in this house is not good to drink.（この家の水は飲料には適しない：この場合には特殊なものを指している）

［例］ *The nitrogen atom* has five electrons in the outer shell.（**TECHNIQUE 13 の②**一般的な意味）

［例］ Who invented *the telephone*?（**TECHNIQUE 13 の②**一般的な意味）

［例］ *Compound* A reacted with compound B *under the same reaction conditions.*

▶"Compound A" は固有名詞として扱っており，固有名詞は無冠詞で使える．"Scheme 1" や "Figure 1" もこの分類である．

cf.「類似の」という意味の "a similar ～" や "similar ～s" は使えるが，" the similar ～" は不可．

（***cf.*** "*the same* reaction conditions" は可である）

（3）冠詞の意味

TECHNIQUE 14

冠詞には意味がある

① Please add *the* starting material.（1 つしかないか，話し手にも聞き手にもわかっている物質）
Add *this starting* material. と同じ意味

② Please add *a* starting material.（物質がいくつかあり，そのうちどれでもよいから 1 つ加えて下さい）

③ Please add *the* starting materials.（すべての物質を加えて下さい）Add *all the starting materials*.

④ Please add starting materials.（どれでもよいから物質を 2 つ以上加えて下さい）

TECHNIQUE 15

"室温で"

① at *room temperature*（「室温で」という抽象的な意味，抽象名詞として扱う）

② at *a* room temperature（18℃などの「ある室温で」という意味）

③ at *temperatures* between 100 and 200℃（100℃ and 200℃の間で）

***cf.* at high temperatures（「いくつかの高い温度」でという意味，③と同じ意味）**

（4）冠詞の省略

［例］ The rate of *formation* of the complex increased *with an increase in* the amount of chloride ion.

▶**"the rate"の"the"は"of"以下の句によって限定された意味でつけられている．**"the complex"も「その」錯体である．"formation"も「その特定の」錯体の生成反応であるから"the formation"が必要である．つまり，"the rate of the formation of the complex"である．しかし，定冠詞がいくつも並んでしまう．このような場合には，上述の *formation* のように冠詞を省くことができる．冠詞がなくても限定の意味はわかるのである．あるいは，次のように書き換えることもできる．

［例］ The *formation rate* of the complex increased *with an increase in* the amount of chloride ion.

［例］ The rate of the *complex formation* increased *with an increase in* the amount of chloride ion.

with *an* increaseは「ある増加」の意味である．すなわち抽象的な意味ではなく，「具体的なある1つの増加」を意味する．"at *a* low temperature, in *a* moderate yield, in *an* 80% yield"なども同様である．

the amount of water は水の「その量」ということで「特定の水量」を示す.

(5) 特定なものを指す場合

(i) 文中で再び使用される場合

▶名詞を「あなたも知っているあの～」と，はっきりと限定して議論する場合には，その名詞の前に定冠詞をつけなければならない.

TECHNIQUE 16
① 定冠詞＋普通名詞（単数形，複数形とも OK）
② 定冠詞＋抽象名詞・固有名詞（単数形のみ）

(ii) 修飾語を伴う場合

▶定冠詞＋名詞＋修飾句（または修飾節）

[例] "*the* distribution behavior of weak acids"（of weak acids によって限定されているので "the" をつけなければならない）

[例] "*by the method* described above"（「上に述べた」という限定された方法であるので "the" をつけなければならない）

[例] The reaction takes place through *the complex* mechanism shown in Scheme 1.（「スキーム 1 で示した」という限定された方法であるので "the" をつけなければならない）

Remark !!!

"in toluene" のようなときは，特定の物質そのものを指すので冠詞は不要であるが，toluene のあとに molecule をつけると，"in the toluene molecule" と定冠詞 the が必要となる. これは "toluene" が形容詞の働きをしていることによる.

cf. 一般に "of ～" を伴うときは "the" がつくが，"of 以外" の場合は "the" を

つけない方が多いようである．“the” も “a” も省かれ，しばしば複数形を用いて表される例を以下に示す．

［例］ The isothermal oxidation behavior was examined for *temperatures* from 1000 to 2000℃.

［例］ The adsorption was observed at hydrogen ion *concentrations* below 10^{-3} mol/dm^3.

▶さらに，動詞から導かれた抽象名詞は，“the” をつけるべきところでもそれを省略することが少なくない．これは重要である．

［例］ The compound was used for *removal* of arsenic.（*remove* arsenic → *removal* of arsenic）

2.8 混同しやすい語句

ネイティブ並みの化学英語論文を執筆するには，この「混同しやすい語句」を十分に使いこなすことが重要である．ここに示しているものだけでも，自分のものにすればネイティブ並みに意図が正確に伝わる化学英語論文が執筆できると確信している．

① according to と in accordance with

・according to［～よると，～にしたがって（判断の根拠）］

The reaction mixture was worked up exactly *according to* the previously outlined procedure.（work up：作り上げる）

・in accordance with［～にしたがって（行動の基準）］

In accordance with this relation, a plot of P against T is found to be linear.

② apply for と apply to

・apply for［申請する，応募する］

The company *applied for* patents on removal of arsenic acid.

・apply to［応用する，あてはまる］

Ion exchange reactions can *be applied to* the separation of heavy metal ions.

③ based on と on the basis of

・based on［〜に基づいた（名詞・代名詞を修飾）］

This model *based on* our theory is shown in Fig. 1.

・on the basis of［〜に基づいて（動詞・動詞句を修飾）］

On the basis of the data, the cause of the defects was analyzed.

④ bring about と bring out と bring to

・bring about［引き起こす］

The diverse ion effect *brings about* serious problems for the analyst.

・bring out［持ち出す］

Dictionaries and handbooks are prohibited to *bring out* from this library.

・bring to［近づける］

When they *are brought to* room temperature, water vapor condenses in a PVC film.

⑤ compared to と compared with

・compared to［〜に比べて（類似性について言う）］

The volume may be neglected completely *compared to* the total volume.

・compared with［〜と比較して（相違性について言う）］

Compared with other indicator electrodes for hydrogen ions, the glass electrode has several advantages.

⑥ dependence と dependency

・dependence［依存性（一方が決まれば他方も決まる）］

Figure 1 shows the pH *dependence* of the sample used in this study.

・dependency［薬などの依存性，良くない依存性］

Smokers often have a *dependency* on nicotine.

⑦ due to（=attributable to）と owing to（=because of)

・due to［〜のせいである，〜による］を述部として使用するときは必ず「be 動詞」を伴う

Calculation errors *were due to* programing errors.

“due to” の “due” は元来「形容詞」であり，次のように「形容詞句」として用いる.

To prevent discoloration *due to* oxidation, it is necessary to use an inert atmosphere in the flask.

・owing to（because of［〜のお陰で，〜のせいで］）文頭には副詞句である「Owing to」を用いなければならない.

Owing to chain branching, the reaction rate was affected by the steric hindrance.

Owing to the fact that...

⑧ especially と in particular

・especially［特に優れている特別の目的，用途のため］節または文全体を修飾しない

These derivatives are *especially* useful in the field of trace analysis.

・in particular［同種のものからある特定したもの］文頭には「In particular」を用いる

In particular, these results are in excellent agreement with experimental results.

⑨ here と where

・here［新しく文章を始める場合］

Here, we will propose a new planning of this project.

・where［式をカンマで区切り，文章を続ける場合］

, *where* K is an equilibrium constant.

, *where* D_{exp} represents the experimental ratio.

⑩ increase in と increase of（or enhancement of）

・increase in＋名詞（数量として測定可能な名詞）

An increase in temperature *enhances* the rate of reactions.

・increase of＋名詞（不加算名詞（概念的なもの））

An increase of scientific knowledge *provides* a good indication.

⑪ independent of と dependent on

・independent of［〜に依存しない，無関係である］

The spectra *are independent of* temperature.

・dependent on［〜に依存する］

The solubility *is* only slightly *dependent on* pressure.

⑫ ratio と rate

・ratio［比：比較するものが２つのときに用いる］

ratio of A *to* B（ratio of A：B）のように使う

The equilibrium relation is defined as *the ratio of* C_{org} *to* C_{aq}.

・rate［率：割合や変化量を示し，時間の概念が入る］

The reaction mechanism was elucidated by the measurement of *the rate* constant.

⑬ relation と relationship

・relation［関係：原因と結果が具体的に式に表される］

The *relation* between C_{org} and C_{aq} is expressed by Eq.(1).

・relationship［いくつかの抽象的な関係］

We elucidated the *relationship* between pressure and temperature.

⑭ using と by

・using［試薬，器具や装置を使って］

A new compound was separated on a plate of basic alumina *using* toluene as solvent.

・by［～の方法で］

The pH of the reaction mixture was obtained *by* measurement with a pH meter.

⑮ was able to と could

・was able to［～することができた（過去の時点での能力）］

They *were able to* separate a crystalline enzyme into two enzymatically active components.

・could［～できるかもしれない，ありうる（起こらなかったことの可能性）］

They *could* separate a crystalline enzyme into two enzymatically active components.

2.9 We の使い方

“We” を使って次のような表現も見かけるが，その使い方（場所）には注意が必要である．

▶使う場所をわきまえよ！ ⇒「考察」では使用してもよい！

2-6b *We considered from above experiments that* the adsorption rate is controlled by the intraparticle diffusion.

（×）*We* measured the pH of the aqueous phase.（実験）

（×）*The authors* determined the metal concentration in the solution.（実験）

（○）*We discuss* the adsorption mechanism of palladium.（考察）

Remark!!! "We" の使い方に注意

「実験」のところで使うのは感心しない.「序論」「考察・結論」の項では使用してもかまわないが, 特に,「要旨」では用いない方がよい(特に客観性が要求されるため)

We studied magnetic properties. → This paper describes a study on magnetic properties.

Coffee break!!

会話で使える文章もついでに."Can I …?" の丁寧な言い方を学ぼう!

"*Would it be possible* that …?"

"*Would it be OK for* me *to* start this study?"

"*Would it be all right* that …?"

"*Is it all right if* I take this chair?"

Chapter 3

動詞の正確な使い方

英語らしい化学英語論文を書くには“動詞”で決まると言ってもいいくらい重要なものである．しかも，その場面に合った「正確な動詞の選択」が重要となる．動詞は文章の基幹となる述部であり，to- を伴って「研究の目的や結果」を示し，過去分詞に変身させたら「形容詞」的になり，名詞を修飾することもできる重要な機能をもっている．このような“動詞の正確な使い方”について解説する．

3.1　英語らしい英文を書くには

化学英語論文を読んでいると，似た言葉がしきりに使われているのに気づくであろう．

(i) The *effect* of chloride ions *on* the corrosion of aluminum was *studied*.

(ii) The *effect* of concentration of metal *on* adsorption percentage was *investigated*.（The effect of ～ on …：…に対する～の影響）

(iii) A *study* of heat transfer to boiling water has been *carried out*.

(iv) A *study* was *conducted* to determine the stability constants of metals.

これらの例からもわかるように，effect について study と言ったり，investigate という言葉を用いたりする．「研究をする」というときも，A study was *carried out, made, conducted* などいろいろな言い方がある．執筆者にとっては非常に気になるところであろうが，これらの違いを日本語で説明するのはそう簡単にはいかないだろう．

英語らしい英文を書くには，やはり「文例で覚えるのが早道」である．そこで以下に英文でしばしば出てくる同意語について，文例からそれらの差異，あるいは互換性を体得してもらいたい．

① 与える（give, provide（提供する）, offer（提案する））

1）The instrument *gives* the *means* of acquiring accurate data of metal adsorption.

2）Experiments of this type are easily performed and they *provide* the accurate data of the reaction mechanism.

3）An alternative explanation is *offered* a new adsorption mechanism.

② 行う（make, conduct（研究，調査を行う）, carry out（遂行する）, perform（実行する）, do, undertake（企てる，試みる））

1）Studies have been *made on* the adsorption rate of metals using activated carbon.

2）Using this device, the *investigations* of the interfacial tension were *conducted*.

3）A *study* of mass transfer to aqueous phase has been *carried out* in a vertical glass tube.（vertical glass tube：縦型のガラス管）

4）Some experiments were *performed* in order to elucidate the reaction mechanism.

5）The calculations *were done* to evaluate the adsorption capacity and adsorption equilibrium constant.

6）This study was *undertaken* to confirm the feasibility of using organic coatings to protect the surface of glass bars.（feasibility：可能性）

③ 調べる（examine, determine（測定する，定量する）, investigate（調査・研究する））

1）Their results were *examined* statistically for accidental errors.

2）Three different methods have been used to *determine* the adsorption ability of activated carbons.

3）The equilibrium reactions were *investigated* by a batchwise method.

④ 説明する（account for（理由（原因）である），explain（説明する），interpret（解釈する），elucidate（明らかにする））

1）New experimental results *account for* the discrepancy of previous data.（discrepancy：矛盾，不一致）

2）The experimental results *were explained* by the Langmuir adsorption isotherm.

3）The findings *are* also *interpreted* by using the new adsorption model.（findings：結果，発見物）

4）The interfacial study has been made to *elucidate* the extraction mechanism of platinum(IV).

⑤ 一致する（agree，coincide（正確に一致する），consistent（矛盾のない），accord（調和する））

1）These equilibrium constants *agree* well *with* the data obtained by other methods.

2）The ^{1}H NMR peaks *coincide* in position *with* those of acetic acid.

3）The reaction mechanism *is consistent with* that proposed by Wang.

4）The experimental results are *in accord with* the Langmuir adsorption theory.

5）*In accordance with* this relation, a *plot of* Q *against* P is found to be *linear*.

⑥ 用いる（use, utilize, employ（役立たせる））

1）Metal nitrates *were used* as the starting materials.

2）The young researcher wanted to *utilize* new and rapid computer.

3）A new method *was employed* for the identification of the newly synthesized ion exchanger.

⑦ 変化する（change（状態の変化），convert（形や状態の変化），shift（位置の変化））

1）The equilibrium constant, K, *changes* with temperature.

2）In acid solution, all the ammonia *is converted to* ammonium ions.

3）This absorbance peaks *shifted to* longer wavelengths.

㊟ 温度変化，電流変化，濃度変化などという場合，of ではなく，in を伴う
change in ...,　variation in ...,　increase in ...,　decrease in ...

> TECHNIQUE 17
>
> **of は取り替え（substitution），in は移り変わり（alternation）を示す**
>
> **（○）　change of air（空気の入れ替え）はできるが**
>
> **（×）　change of pressure（圧力の入れ替え）はできない**
>
> **したがって**
>
> **（○）　change in pressure とすべき**

⑧ 増加する（increase, rise）

1）The addition of oxygen gas again results in *an increase in* pressure.
（result in：結果として生じる，result from：起因する，原因となる）

2）The adsorption is allowed to stand until there is *no further increase in* pressure.

3）The ammonia concentration *rises* as pH increases in the aqueous solution.

⑨ 減少する（decrease, reduce）

1）We observed a significant *decrease* in absorption with respect to time.
（with respect to～：～に関して）

2）The solubility *reduced* by the addition of excess sodium chloride.

⑩ 調製する（prepare）

1）The aqueous solution of metal ions was *prepared*.

⑪ 調整する（adjust）

1）The aqueous solution *was adjusted* at pH 5.

⑫ 研究する（investigate）

1）The effect of coexisting salts *was investigated in* the adsorption of metals.

⑬ 検討する（examine, discuss）

1）This study *examines* the adsorption behavior of metals against pH.

2）The extraction mechanism of copper ions *was discussed* in this paper.

⑭ 示す（見せて）, show, illustrate（説明する）

1）These *graphs show* the adsorption selectivity on new adsorbents.

2）A sample structure of the reagent *is shown* in Fig. 5.

3）We *illustrate* new theory with many experimental data.

⑮ 示す indicate（意味している）, depict（描写する）

1）These data *indicate* an autocatalytic reaction involves a chain mechanism.（involve：関与する，～を伴う）

2）The plotted points showed a straight line with a slope of two, *indicating* that two hydrogen ions are released by adsorption of one copper ion.

3）The experimental results were *depicted* in the following figures.

⑯ 示す exhibit（関係を示す，展示する）

1）Ferric and ferrous ions *exhibit* three and two valences, respectively.（ferric：第２鉄の，ferrous：第１鉄の）

2）The ^{1}H-NMR results did not *exhibit* the chemical structure of a new reagent.

⑰ 示唆する suggest（間接的に示す）

1）The *results suggest* that the adsorption of palladium is independent of pH.

2）It is *suggested that* the shaking time is required to reach the adsorption equilibrium.

⑱ 示唆する imply（>suggest），infer（人が主語，事実に基づいて結論づける）

1）These experimental results do not *imply* that all synthesized reagents are ideally perfect.

2）We can *infer* the proportion of impurities of the chemicals by ^{1}H-NMR.

⑲ 明らかにする reveal（今までわからなかったことを）

1）Acid nature of the silica surface can *be revealed* in many catalytic reactions.

2）A new theory *was revealed* as a result of these investigations.

⑳ 注目する（pay（give）attention to）

1）Researchers from all over the world *pay attention to* arsenic acid detection.

㉑ 注目を引く（attract（draw）attention）

1）Biodegradable polymers have *attracted the attention* of researchers studying polymers.

㉒ 注目を浴びる（receive attention）

1）Other researchers have *received* considerable *attention*.

3.2 熟語的な表現は避けて，「1 語の動詞」で勝負しよう！

受験英語では熟語的な言葉が数多く出てくるが，化学英語論文では回りくどくて間接的な表現を避けることが基本的に重要になる．できるだけ熟語的な表現は避けて「1 語の単語」を使用した方が“簡潔で正確な化学英語論文”が書ける．

① 削減する：cut down → reduce

The funding of laboratory research per year *was cut down* (*reduced*) to one million yen.

② 除く，除去する：get rid of → eliminate

It seems to be difficult to *get rid of* (*eliminate*) *the impurities* of the sample.

③ 定量する：find out exactly → determine

The mercury concentration in hydrochloric acid was *found out exactly* (*determined*) *with* an atomic absorption spectrophotometer.
The acid concentration *was determined by* neutralization titration.

④ 廃止する（無効にする）：do away with → abolish

The addition of the catalyst *does away with* (*abolishes*) the inhibition by these compounds.

⑤ 実験を行う：conduct an experiment → experiment

The purpose of the present study is to *conduct a series of experiments* (*experiment*) to justify this assumption.

⑥ 明らかにする：make clear → elucidate

A few specific examples in our studies will *make clear* (*elucidate*) the difficult problem.

⑦ 一致する：agree exactly → coincide

The experimental data *agree exactly*（*coincide*）*very well* with his simulation.

⑧ 説明する：account for → explain

This figure *accounts for*（*explains*）the shape of the initial portion of the neutralization titration.

⑨ 利用する：take advantage of（make use of）→ exploit, utilize

They *take advantage of*（*exploit*）the fact that gold is reduced by activated carbon.

The analyst *takes advantage of*（*utilizes*）the large difference in pH.

⑩ 調査を行う：do an investigation → investigate

It is necessary to *do an investigation*（*investigate*）*in* the chelate formation mechanism for the purpose of quantitative determination.

⑪ 改正する：perform a revision of → revise

The scientist *performs a revision of*（*revises*）these chemical data regularly every three years.（every：ごとに）

⑫ 考慮する：take〜into consideration → consider

A more exact calculation *takes into consideration*（*considers*）that the hindrance effect is important.

⑬ 修正する：make correction of → correct

The researcher *made correction of*（*corrected*）the value for a small amount of SO_2 adsorption.

3.3 「動詞」の中身を理解しよう！

まず，英語と日本語は基本的に異なる言語であることを認識しよう．たとえば “carry　out” と “conduct” とはどう違うのか？　このような言葉の例は数多くある．なかでも特に重要であり，よく使用される動詞を “その動詞の中身（ニュアンス）が伝わるように” 選び出したのが以下に示す動詞である．

① ～に関係する

・associate A with B → A を B と関連づける

1）The former absorption *is associated with* the S-H stretching vibration in hexyl mercaptan molecule.

・relate A to B → A を B と関連づける

1）The amount of metal adsorption *is related to* pH.

2）The metal adsorption on silica *is related to* its hydrolysis equilibrium.

② ～に関与する

・take part in～ → ～に使用する

1）The solvent *takes part in* the synthesis reaction of extractant.

・participate in～ → ～に参加する

1）Eight companies *are participating in* this project.

・involved in → ～に含まれる

1）The chemists *involved in* the research on the adsorption of uranium are few.

③ ～からなる

・consist of → すべての技術要素を記述する

1）Chemical analysis *consists of* three main steps.

・comprise → 一部，すべての技術要素を述べる（特許に使用することが多い）

1) The new product *comprises* 50 percent *ortho-*, 30 percent *para-*, 20 percent *meta-isomer*.

・be composed of → ～で構成されている

1) Proteins *are composed of* some amino acids.

④ 気づく

・recognize → 記憶や知識が一致したとき（評価する）

1) His great learning has at last *been recognized* by his university. (learning：学問，知識)

2) She *was recognized* as a major chemist.

・realize → 物事の本質や全体像が実現したとき

1) We *realized* from his remarks that he was against the project.（彼の言葉からそのプロジェクトに反対であることがわかった）

2) Her dreams *were realized*.

・note → 注目に値する，注意を促す

1) It should *be noted* that pectinic acid shows high adsorption selectivity for lead.

2) As *noted* above, the extraction can lead to desirable separations in certain cases.

（certain～（ある～の）のあとは必ず複数形！）

・notice → 変化などに気づいたとき

1) Slight interaction *is noticed* when silver ions are adsorbed onto charcoal.

⑤ わかる

・find out → 事実が明らかになる（発見する，that 節を伴う）

1) He tried to *find out* a new reaction mechanism.

2) She *found out* that its reaction is correct.

・understand → 知識として理解する

1) Did you *understand* the point of his remark?（remark：意見，注目）

・take → 物事を理解する：A が B であるとみなす（take A to be B, take A as B）

1）The length per monomer *is taken* here *to be* 3Å.

2）Appearance of the reddish silver-chromate precipitate *is taken as* the end point of the titration.

⑥ 実行する

・conduct → 組織的に行う

1）The object of the present study is to *conduct* a series of adsorption experiments on charcoal.

・carry out → 物事を実行する

1）To *carry out* further analysis of the experimental results, certain hypotheses were adopted. **（*cf.* ...for a certain degree of＋単数形：a certain amount of sulfur: "a certain"（ある 1 つの）のあとは必ず単数形！）**

・make → する（変化させる）

1）This example will *make* this point *clear*（さらに～, *clearer*）

⑦ 期待する（推測する）

・hope → 希望や願いをもって期待する

1）Professors *hope* that the experiment goes well.

・expect → 予測していたことが起こるのを期待する

1）The reaction *is expected to* occur even under rather mild experimental conditions.

2）As we would *expect*, acetic acid reacts with the electropositive metals.

・infer → 事実や前提に基づいて推測する

1）We *inferred* a new adsorption model based on the experimental results accumulated in our laboratory.

・predict → 調査，研究に基づいて予測する

1）The computer *predicts* the adsorption properties of a wide variety of materials.

2) It would *be predicted* that the compound would extract selectively palladium(II).

・estimate → 具体的な数値やデータに基づいて予測する

1) The breakdown voltage *was estimated* on the basis of the experimental data. (p. 35, ③参照)

2) From this equation, the pH of a solution *is estimated*.

⑧ 示す

・exhibit → 目立つように展示する

1) This platinum compound *exhibits* four valences.

・indicate → 物があることを表示する，指摘する

1) These data *indicate* that both desorption and adsorption are occurring.

・present → 考えがあることを示す，提示する

1) This paper *presents* evidence that the experimental data obtained in this study are applied to the Freundlich equation.

・represent → 表現する，表す

1) The subscript “ad” *represents* the adsorption of an extractant reagent at the interface.

・describe → 記述して示す

1) They *described* microspheres of the quaternary ammonium salt type.

・demonstrate → 確実であることを示す，実証する

1) This result *demonstrates* that chromium(VI) is reduced on activated carbon.

・reveal → 今までわからなかったことを明らかにする

1) The peak intensity of the absorption band *reveals* a clear minimum in the low pH region.

・express → 単位，数式を表現する

1) The N_2 gas flow rate *is expressed* in cm^3 per second in our study.

⑨ 思い出す

・remember → 記憶する，かっての経験を思い出す

1）It is useful to *remember* the coordination number of various metals.

2）The authors *remembered* the reaction is very slow.

・recall → 1度覚えたことを思い出す

1）We should recall their experimental results.

Chapter 4

幹となる表現

化学英語論文の構成はChapter 5で触れるが，ここでは論文の中でよく使われる表現をまとめる.

▶実験方法 ⇒ 結果 ⇒ 考察 ⇒ 結論 ⇒ 緒言（**最後に緒言だ！**）

まずは，以下のパターンを自分のものにしよう.

4.1 目的と方法を表す基本パターン

① In order to...

「…のために」という言い方であり，「目的」を表す場合の言い方としてマスターしよう.

4-1 好ましい条件を決定するために，筆者らはいくつかの方法を検討した.

4-1 *In order to* determine favorable conditions, the authors examined some methods.

4-2 反応機構を明らかにするために，その溶液のpHの影響を調べた.

4-2 *In order to* elucidate the reaction mechanism, the effect of pH in the solution was examined.

② ____ have been studied...

"have been studied"の前後に「__について」，そして「…を用いて」か，をはっきりさせる．その例を以下に示す.

4-3 アニオンの影響について，酸溶液中で（を用いて）研究された.

4-3a Effects of the anions *have been studied* in acid solutions.

4-3b The effect of temperature *has been determined.*

Effects of the anions について，in acid solutions を用いて研究したということになる．“study” の代わりに “investigate” や “determine” もよく使われるが，ここではまず，____ **have been studied...** の書き出しのパターンだけ覚えておこう．

③ **We have investigated ____**

“We” を主語にした書き方も増えてきたのでここに示しておくが，これは上述した “____ have been studied...” の能動態である．

4-4 多孔性シリカを用いて，酵素の固定化について研究した．

4-4 We *have investigated* the yeast immobilization *on* porous silica.

4.2 実験方法を表す基本パターン

① 使われた試薬

▶試薬の純度の表し方（まず，次の 2 つを覚えよう）

特級試薬：Analytical grade reagent, Guaranteed reagent, Special grade chemical（河川関係で使用）

一級試薬：Extra pure reagent, First class grade chemicals

② 溶液サンプルの表し方

▶溶液の量と濃度の表し方

（1）an aqueous solution of 1 mol of NH_4NO_3（1 モルの NH_4NO_3 を含む水溶液）

（2）a 1 M aqueous solution of NH_4NO_3（1mol/dm^3 の NH_4NO_3 を含む水溶液：一般的に，M は mol/dm^3 のことを表す略字である）

論文中の最初の方に，このように示しておけば，その後は “the solution” と

か “the NH_4NO_3 solution” と表現できることになる．

TECHNIQUE 18

濃度 ⟹ 1 M NaCl

量 ⟹ 1 g *of* NaCl

⟹ 1 ml *of* ethanol

③ 固体サンプルの表し方

▶英語特有の隠れた表現を身につけよう！

(a) The sample is 10 mm *long*, 20 mm *wide*, and 2 mm *thick*.

「その資料は，長さ 10 mm，幅 20 mm，厚さ 2 mm である」の表現法である．以下のような表現もマスターせよ！**（Appendix の数量の表現法を参照）**

(b) an average grain（particle）*size of 100 μm*

(c) *in the 10–100 μm range*

(d) the powder *sieved to 100 mesh*（100 メッシュにふるいをかけた粉末）

(e) the powder *remaining between 100 and 200 meshes*（100–200 メッシュの間に残った粉末）

④ 試薬溶液の調製の表し方

(1) ～ was prepared（synthesized, obtained）by dissolving（mixing）...

▶試薬調製には，この構文はよく使える便利な言い方である．身につけよう！

4-5 1 mM の金属イオンを含む水溶液は，金属の硝酸塩を溶解して調製された．

4-5a An aqueous solution containing 1 mM metal ion *was prepared by dissolving* metal nitrate.

ついでに，この後の文章中に上述した水溶液がくれば，たとえば次のように "the" をつけて表現する．

4-5b *The aqueous solution* was added into the beaker.

4.3 測定法を表す基本パターン

▶測定法の記述では「＿＿の測定に…を用いた」，「＿＿を用いて…を測定した」として書き出す．その基本パターンを以下に示す．

① **～ was measured (observed) with (by, using)…**

4-6 試料の濃度は紫外可視分光高度計を用いて測定された．

4-6 The concentration of the specimen *was measured with a UV spectrophotometer.*

(*cf*: "by と with" の使い方の違いは，TECHNIQUE 30 を参照せよ)

② **～ was used for determining (measuring, obtaining, assessing)…** (assess：評価する)

4-7 酸化速度を評価するために，熱天秤による熱重量分析を行った．

4-7 Thermogravimetry *was used for assessing* (determining) the oxidation rate.

4.4 実験条件・再現性を表す基本パターン

① **The experimental conditions for ～ were as follows: ～: …, ～: ….**

② **The reproducibility of ～ was within ±1%.**

4-8 金属イオンの吸着は，上述した条件下で行われた．

4-8 The adsorption of metal ions *was carried out under conditions* described above.

(a) *The experimental conditions for* the kinetic measurement *were as follows*: temperature: 10 to 30℃, ionic strength: 1.0, pH: 4–6.
(コロンは「すなわち」という意味)

(b) *The reproducibility of* the temperature measurement *was better than* 0.1℃. (reproducibility：再現性)

(c) *The repeatability of* the concentration measurement of the amino acid *was* within ±0.1 mg/g.

4.5 実験結果を表す基本パターン

① It was found (observed, shown) that....

▶この構文は非常に便利な言い方であり，また内容も強調される．ぜひ覚えておきたい．

4-9 吸着温度が 10℃ から 30℃ に増加するにつれて，吸着性能は急激に減少したことがわかった．

4-9 *It was found that* the adsorption ability was drastically reduced *as* the adsorption temperature increased from 10 to 30℃. (数値がいくつあっても，単位は 1 つだけ書けばよい (in yields of 80–88%))

② Figure 1 shows (depicts)....

この表現はよく用いられるので，覚えておきたいパターンである．

▶Figure とか Table などが文の先頭に来た場合は，Fig. や Tab. のように略字にしないこと．

4-10 図 1 は，そのサンプルの分析結果を示している．

4-10a（○）Figure 1 *shows* the analytical results of the sample.

4-10b（×）Fig. 1 *shows* the analytical results of the sample.

4-10c（○）The analytical results of the sample *are shown in* Fig. 1.

文章の最初に，“Figure” を持ってくるときは，必ずこのように書くが，文末では “Fig.” と書くことが多いようである．

③ ＿＿**exhibit（reveal）....**（「性質を示す」ときに用いられる）

▶物質の性能を示すときに使う動詞であり，化学論文ではよく使用される．

4-11 その生成物は，銅に対して高い吸着選択性を示した．

4-11 The product *exhibited* the highly selective adsorption for copper.

4.6 考察を表す基本パターン（“owing to” か “due to” か？）

① **The results indicate（show）that....**

実験データからある事実を見出したときによく使われる表現である．

4-12 実験結果は，吸着が塩化物イオンに依存せず，pH に依存することを示した．

4-12 *The experimental results indicated that* the adsorption *was independent of* chloride ion concentration, but dependent on pH.（independent *of*, dependent *on* に注意）

② ＿＿**, indicating（suggesting）that....**

4-13 速度が pH に依存した．これは化学反応が律速段階であることを示している．

4-13 The rate was dependent on pH, *indicating that* the chemical reaction is the rate-determining step.

▶便利な言い方であるので，ぜひ身につけたいパターンである．
“indicating” の前に「コンマ」があることに注意せよ！　また，“ , suggesting” になれば，「示唆している」と訳せばよい．

③ These results suggest that....

4-14	これらの結果は還元されたクロムが溶液中に含まれることを示唆している．

4-14	*These results suggest that* the reduced chromium is included in the solution.

(the reduced chromium：「還元されたクロム」という意味)

④ ___ is attributed (ascribed, due) to....

4-15	銅に対する特異選択性は，抽出剤のフェノール構造によるものである．

4-15a	The special selectivity for copper *may be attributed to* the phenolic structure of the extractant. (化学論文中の may は，ほとんど can の意味を表す)
4-15b	The special selectivity for copper *is ascribed to* the phenolic structure of the extractant.
4-15c	The special selectivity for copper *is due to* the phenolic structure of the extractant.

⑤ It should be noted that...., It should be emphasized that....

4-16	注目されるべきことは，金がキトサンによって吸着されることである．

▶「～に注目すべきである，～は強調されるべきである」の意味で，読者に注意を喚起する表現法である．これらの文章を上手に使用することができれば，

引き締まった論文を作ることができる．うまく使っていこう．

4-16a	*It should be noted that* gold (III) was adsorbed on chitosan.
4-16b	*It should be emphasized* that gold (III) was adsorbed on chitosan.

*キトサンは，廃棄されているカニやエビの殻（バイオマス廃棄物）から作られているので，“注目される”のである．

⑥ _____ can be explained by (in terms of)....(in terms of ～：～によって，～の点から)

4-17 この結果は，イオン交換機構によって的確に説明される．

▶**結果を考察するときには，非常に便利な言い方である．ぜひ使ってみたい表現法である．**

4-17 This result *can be* best *explained by* (*in terms of*) an ion exchange mechanism.

Remark!!! “due to” の用法に注意！

“due to” が副詞的に使用されるという間違いがある．“due to” は形容詞的に用いられなければならない．

(×) *Due to* the amino group in the amino acid, copper ion was immobilized.

(○) *Owing to* the amino group in the amino acid, copper ion was immobilized.

(○) Mass increase *due to* oxidation was measured.（酸化による質量増加が測定された）

(○) Mass increase *was due to* oxidation.（～のせいである）

4.7 結論を表す基本パターン

① It was (is) concluded that....

4-18 触媒は，反応速度を 10% だけ増加すると結論づけた（結論づける）．

4-18a *It was concluded that* the catalyst can increase the reaction rate by 10%.

（ここで，"by 10%" は「10% だけ」という意味）

▶最近は，"We conclude" という言い方もよく用いられる．

4-18b *We conclude that* the catalyst can increase the reaction rate by 10%.

4-19 これらの結果から，我々の理論が正しいと結論づけた．

▶**結論の最後のフレーズは「現在形で書け！」⇒ 真実性が示される．**

4-19 From these results, *we conclude that* our theory is correct.

「今ここで結論として述べる」という言い方であれば**現在形**とする．現在形で書くことによって，その真実性が示されることになる．

4.8 緒言を表す基本パターン（緒言を最後に書くのが重要！）

① There has been a great concern about....

4-20 金属資源の回収やリサイクル技術の開発が注目されている．

4-20 *There has been a great concern* about development of the technique for the recovery and recycling of metal resources.（現在完了形で始める → TECHNIQUE 23）

② The present study was carried out in order to....

4-21	本研究は竹から多孔質の活性炭を製造するために行われた.

4-21 The present study *was carried out in order to* produce a porous activated carbon from bamboo.

③ In the field of ～, many researchers have used....

4-22	溶媒抽出によるコバルトの回収の分野では，多くの研究者が PC88A を使っている.

4-22 *In the field of* recovery of cobalt with solvent extraction, *many researchers have used* PC88A.

（*cf.* PC88A とは日本が開発したコバルトの工業用の選択的抽出剤）

以上が「緒言」（**TECHNIQUE 23 を参照せよ！**）を書くまでのテクニックであるが，これから本題へと進んでいく．本題も今まで学んできた文章技術をもってすればおそれることはない．実験結果のグラフとその定性的な説明や定量的な説明が加わるだけである．気楽に行こう！

第２部

化学英語論文の構成と書き方

Chapter 5

化学英語論文の基礎と構成

化学英語論文を理解するためには，まず化学分野の Journal に掲載されている論文全般に共通する基本原則を知らなくてはならない．これを理解すればいかなる Journal の査読にも耐えられる文章を書くことができる．本章では実際に化学英語論文を書くための基礎知識を説明する．

一般的に，化学英語論文の構成は以下のようになっている．

Title（表題） Abstract（要旨） Introduction（緒言） Experimental（実験） Results and Discussion（実験結果と考察） Conclusions（本論文の結言） Acknowledgements（謝辞） References（引用文献）

このように書くと，「論文を書くって大変だなぁ」と思うかもしれないが，基本的には，「出だし」→「本体」→「結論」の順に書けばよい．

このうちのどこを最初に書けばよいのであろうか？

▶論文を書くのに慣れた人であれば，どこからでも書けるのであろうが，初心者は “Experimental” から書くべきであろう．

> **TECHNIQUE 19**
>
> **まず，“Experimental” から書き始めよ！**
>
> **① 試薬（Reagents, Materials）**
>
> **② 装置（Apparatus）**
>
> **③ 操作（Procedures）**
>
> **のように分ければ書きやすい**

次いで，“Results and Discussion → Conclusions → Introduction → Abstract” の順が良いであろう．人によっては，“Abstract” を最初に書いてもよいと思う．各部分についてはある程度決まった書き方があると思われるので，以降の章で説明する．

第 2 部では，それぞれの構成内容を表すためのテクニックを示す．

Chapter 6

表題（Title）の書き方

表題は，読者が最初に目にする部分であり，執筆者が最も重要なものとして取り上げた事項を「具体的に表している」ことが特に重要である．

最近はさまざまな情報サービスがあるので，表題のキーワードを通して論文に接する機会が増えてきた．そのために論文を構成する部分でも特に手を抜けない部分である．

TECHNIQUE 20

① 表題は抽象的ではなく，具体性を持たせよ！

② 表題は Abstract（要旨）の短縮版であり，Abstract で使われた単語を入れよ！

③ 無駄な言葉（The, study of, observation, investigation）は省け！

表題の書き方については，はっきりした規則はないが習慣的に用いられている，あるいは守られていることがいくつかあるので，それらについて説明する．

▶表題の最初の語の冠詞や前置詞は省略する

(×) The effect of pH on the adsorption of palladium(II) on activated carbons.

(○) Effect of pH on the adsorption of palladium(II) on activated carbons.

▶Study of, Investigation of, Analysis of, Research of などは研究論文であるのでこれらの語句は不要

(×) Study of the origin of the amorphous component in polymer single crystals and the characteristics of the surface.

(○) Origin of the amorphous component in polymer single crystals and the characteristics of the surface.

▶研究内容や結論まで具体的にイメージできるように書く

(×) Study of the reaction of chelate complex formation in the reactive adsorption process.

この表題では，どのようなStudy（研究）だったのか，どのような系の吸着反応過程で，いかなるキレート形成反応が起こったのかわからない．まったく予想もつかないような論文を研究者は読もうとするだろうか？

(○) Chelate-complex formation of copper(II) with pectinic acid in the adsorption process.

修正された表題では，「吸着過程におけるペクチン酸による銅のキレート形成に関する研究」ということがわかるので，材料（ペクチン酸，天然多糖類など）や金属の回収や除去に関して興味を持っている人，水溶液内の現象（吸着，キレート反応）に興味を持っている人達に論文を読んでもらえるチャンスが高まる．

▶表題の大文字と小文字はいろいろ！

これは各Journalの規則によって決まる．全部大文字，最初の字だけ大文字，各語の最初の文字を大文字とするが，冠詞，前置詞，接続詞などは小文字などいろいろのルールがある．

特に最近の傾向としては，5文字以上の接続詞や前置詞は大文字でUnder, Between, Until, Except, After, Before, Inside, Aboveなどと書き，of, on, with, from, for, at, over, onto, into, whenなどは小文字で書かれるようである．また，itとitsは代名詞なので短くても頭文字を大文字にする．さらに不定詞の“to”は大文字にする．たとえば“to be”や“to study”の“to”は大文字

となる．

［例］ “Problems To Be Studied”

★用法例

6-1 ニトロベンゼンの還元によるアニリンの合成（に関する研究）

日本語では，よく「～に関する研究」という言葉がついているが，英語で書くときは，その言葉は無視してよい．「～に関する研究」というのは自明の理だからである．表題に関しては，具体性があり，かつ **“無駄をはぶくこと”** が重要である．以下に例文を示す．

6-1a （×） Studies on Synthesis of Aniline by Reduction of Nitrobenzene

6-1b （○） Synthesis of Aniline by Reduction of Nitrobenzene

6-2 シリカナノ粒子の物理特性（物性）の測定（に関する研究）

6-2a （×） The Measurements of Physical Properties of Silica Nanoparticles

6-2b （○） Measurements of Physical Properties of Silica Nanoparticles

6-3 活性炭による VOC の吸着（に関する研究）

6-3a （×） The Adsorption of VOC on Activated Carbon（“The を省け”）

6-3b （×） The Investigation of Adsorption of VOC on Activated Carbon（“The Investigation of” はいらない）

6-3c （○） Adsorption of VOC on Activated Carbon

Chapter 7

要旨（Abstract）の書き方

情報量の多さに押し流されそうになっている現在，その論文を本格的に読むべきかどうかの判断は，要旨の内容にかかっている．その要旨をどのように書けばよいのであろうか？

TECHNIQUE 21

要旨には，「目的」，「方法」，「結果」，「考察」，「結論」のエッセンスを書け！

① 何を目的に，何をしたのか

② 何が得られ，どう評価したのか

③「過去形」で書け（最終フレーズの結論は「現在形」でも可）

▶要旨では，論文の「内容と結論」をもっとも簡潔に伝えなければならない．さらに，論文中に含まれるすべての情報のエッセンスを言及するように努めることが重要である．

以下の点に注意して書こう．

TECHNIQUE 22

① 要旨のはじめに表題と同じことを書かない

② できるだけ「言葉と式」で表現せよ！
本文中の Fig. 1（図 1）や Eq. 2（式 2）などの引用はしない

③ ワンセンテンスの単語量の目安は，最大 25 単語までと心得よ！

④ 幹となる基本表現パターンをマスターせよ！

さらに，「目的」，「方法」，「結果」，「考察」，「結論」については，研究論文の必須要素であるのは常識であるが，アブストラクトもそのミニチュア版であることを強く認識すべきである．

しかし，実際に英語の論文を書くとなると…，どうも英語が苦手で…，ということになる．でも心配は必要ない．実は化学英語論文には表現のパターン（第1部に「パターンプラクティス」が前述されている）があってその表現法は限られており，それらだけをマスターすれば，あとは自分の「研究の専門用語」を次の順序で当てはめればいいのである．

（1）研究目的と研究方法
（2）どのような材料を用いて，何について研究したのか
（3）実験方法について述べる—今までとどう違うのか
（4）実験結果（手段，影響，増減，関係，比較など）
（5）その結果どのようなことがわかったのか
（6）結果の考察
（7）結論

Chapter 8

緒言（Introduction）の書き方

緒言（Introduction）については，特に初心者は本文が書き終わった後に書くようにしたほうがよい．なぜならば，この部分を書くのが一番難しいからである．

TECHNIQUE 23

Introduction は「現在完了形」で書き始めよ！
参考にした論文の “Introduction” を英借文せよ！

▶具体的には，まず研究の背景を述べて，「現在～の未解決の問題点があるので，～の方法を用いて，～の問題を解決するために，本研究では～のような実験を行った」というふうに書けばよい．

▶その研究の目的，手段，測定法などをまず重点的に示すときは，“現在完了形” を用いる．

また，「英借文」については，よく言われていることであるが，誤解のないようにしてもらいたい．そのまま，写すのではなく文の言い回しを英借文することである．そのためには，参考論文の確実な日本語訳が重要になる．

▶この情報化の時代に “Introduction” を書くのは難しいことではない！

なぜなら，この本を手にしている人は多くの論文を読んだり，あるいは学会に一度は参加した人が多いと思うからである．そこでの論文の “Introduction” や学会発表での “Introduction” を目にした人や耳にした人が多いと思う．それらを参考にすればよいのであり，あまり小難しいことを書こうと思わない方がよい．

▶「緒言」を書くにあたり，次に示すようなことがポイントになると考えられるので，紙と鉛筆を使って書き出してみよう．

① 自分の研究の「研究背景」を書き出してみる（箇条書きでよい！）

② 今まで参考にしてきた研究論文での問題点や未解決の問題があったはずであり，「研究目的」をはっきりと書く

③ 自分の研究ではそれらに対してどのような工夫（オリジナリティ（研究方法など））をしてきたか？

④ 未解決の問題に対して自分の研究ではこのような結果が得られた（実験結果）

⑤ その実験結果からどのようなことが言えるのか（考察・結論）

この中で「緒言」に示すのは①「研究背景」が 30%，②「研究目的」が 20% で，「研究結果，考察，結論」については本文で 100% 示されるであろうから，(③+④+⑤) で 50% であろうか？

“Introduction” を書くときだけではなく，自分の専門に関して英文でレポートやアブストラクトを書くときも肝に銘じておいてほしいことがある．それはネイティブの英語論文を「まねること」である．自分で実験を行い研究がまとまったので，今こうして論文を作り上げようと努力している．今まで自分の研究に関係ある外国の論文（ネイティブが書いた論文が望ましい）をいくつか参考にしてきたのではないだろうか？　もし「緒言」の英作文で格闘しているのであれば，これまで参考にしてきた「緒言」の文章を読み直してみよう．役に立ちそうな表現にはマーカーやアンダーラインを引いてみよう．そして，それらをまねて「緒言」を書いてはどうだろうか？　きっとうまくいくはずである！

▶このように，これからは一般的な和英辞典や電子辞書に頼らずに，自分が読んできた参考論文そのものの英語に頼ることをお勧めする．

“Introduction” についてはこれくらいにして，一番書きやすい「実験の部」から書き始めてみよう！

Chapter 9

実験法の書き方

9.1 実験（Experimental*）

ここでは，「客観的に書くこと」を念頭に置き，実験を行った方法や実験条件，あるいはそこで観察された事実などを記述する．ここでの注意点を以下のTECHNIQUE 24にまとめてある．

*）“Experiment” ではなく，習慣としてこのように書く．これはおそらく，Experimental reagents, Experimental procedures のような意味を含んでいるからであろう．

> TECHNIQUE 24
>
> **実験では，「物を主語」にして「受身形」，「過去形」で書け！**
>
> **① 継続した実験操作を書く場合には，その主語に気をつけよ！**
>
> **② 連続操作の記述には，最後の節の前に “, and” を忘れるな！**

（1）物を主語に書く

▶最近，“We” を主語にした文章がよく使われるようになってきたが，**実験の項では「受身形」を基本とせよ．**

実験の部で重要なことは，その実験が客観的に行われたかどうかであることから，実験者を主体とした書き方は好ましくない．

9-1 実験は以下のようにして行った．

Chapter 9 実験法の書き方

▶**ここでもSとVを見つけることから始める.**

主語は「実験」であり，動詞は「行った」である．ここで，**TECHNIQUE 3と24**が役に立つ．**実験は,「受身・過去形」で書け！**　したがって,「行った」は「行われた」になる.

▶**TECHNIQUE 3 日本語の最後の動詞の主語を探せ！**

明らかに,「行われた」の主語は,「実験」であるから，次のような文章ができあがる．実験はいくつかあると思われるので複数形にする.

9-1a　The experiments *were carried out* as follows:

"as follows:" は論文ではよく用いられる言葉であり,「以下に示すように」という意味になる.

▶**followsの後のコロン（：）を忘れずに！**（p. 56，4.4　実験条件・再現性を表す基本パターンを参照せよ！）

cf. **実験では "We" はほとんど使用しない**

9-1b　（△）*We* carried out the study under the experimental conditions described in Table 1.

9-1c　（△）*The authors* carried out the study under the experimental conditions described in Table 1.

（2）時制は過去形にせよ！

▶**すでに実験したことについては過去形を用いる.**

9-2　新しい抽出剤が室温で合成された.

9-2　New extractant *was synthesized* at room temperature.

▶**ただし，いろいろと必要な事項を説明したり，付け加えたりする場合には必ずしも過去形ではない.**

[例]　The new extractants prepared in this study *are shown below.*（本研究で調製した新しい抽出剤を以下に示す）

(3) **"and"** か **", and"** か？

実験の連続操作は，"and" あるいは "and then" で続けていけばよいが，その間に対象物が変わることがある．この場合には主語に十分注意しなければならない．

▶主語が変わらなければ，"and" の前にコンマは不要

［例］ *The reaction mixture was* stirred at room temperature for 30 min *and then* allowed to heat to 80℃.（反応混合物は室温で 30 分攪拌され，その後 80℃ まで加熱された.）

また，最後の節の前には **", and"**（コンマ and）を忘れないようにしよう．

9-3 固体の生成物をエタノールで洗浄し，真空乾燥した．

▶TECHNIQUE 2 が役に立つ！ 「が」「は」「を」に惑わされるな！

▶主語は変化していないので，"and" の前にコンマは不要

日本文の最後にある「乾燥した」を受身にして「乾燥された」にする．その主語は「固体の生成物」であり，"*The solid product was*" までは共通因子である．

9-3 *The solid product was washed* with ethanol *and dried over in vacuo.*

"*in vacuo*" はラテン語であり，イタリックで書く．(**Appendix よく使われる略語を参照**)

9-4 溶液をろ過した後，その生成物をエタノールで数回洗浄し，真空乾燥した．

▶接続の "and" には注意せよ！

9-4 *The solution* was filtered, *and the product* was washed with ethanol several times and dried *in vacuo.* (**主語が違うので ", and" が必要になる**)

次の例文も，「最後の節の前には **", and"** を忘れるな！」の例（**TECHNIQUE 24**）

［例］ The mixture was filtered, the filtrate was washed with ethanol, *and* the filtrate was dried *in vacuo*.（「混合物はろ過され，そのろ過物はエタノールで洗浄した．そしてその洗浄されたろ過物は真空乾燥された」という意味になる．**A, B, and C の使い方である**）

注意！

（×）*The solution containing dioxin* was filtered *and then* evaporated under reduced pressure.（ダイオキシンを含んだ溶液はろ過され，減圧下で留去された）

この場合は，「溶液をろ過したあとで，何が留去されたかわからない」ので，次のように書かなければならない．

（○）*The solution containing dioxin* was filtered, *and the filtrate was* evaporated under reduced pressure.（ダイオキシンを含む溶液をろ過し，そしてそのろ液を減圧下で留去した）

TECHNIQUE 25

“and then ～” に飽きたら，
followed by＋名詞（動名詞）を使え！

9-5 生成物は，1 M の塩酸を用いて室温で 12 時間洗浄された．その後ろ過され，エタノールと水で洗浄された．

▶***followed by* の前に，“コンマ” を忘れずに！**

9-5 The product was washed with 1 M HCl at room temperature for 12 h*, followed by* filtration and *washing* with ethanol and water.（「その後」，「引き続き」という意味）

“, *followed by* vacuum drying to constant weight” や “, *followed by* addition of ether to the solution.” のように使われる便利な言い方である．

(4) 数字や記号を文頭に出さない

9-6 15 g の水酸化ナトリウムは塩酸で中和された.

▶以下に示すように，アラビア数字が文の最初から出てくるような書き方は一般に避けた方がよい．どうしても数字が文頭に来るようであれば数字を文字で書く．

9-6 *Fifteen grams* of sodium hydroxide *was neutralized* with hydrochloric acid.

(×) *15 g* of sodium hydroxide *was neutralized* with hydrochloric acid.（数字を先頭に出さない）

㊟ ただし，ここでは15 gを「1つ」と見て取り扱っているので，主語が "grams" となっても，動詞は "*was* neutralized" と単数扱いであり，"*were* neutralized" とは書かない（*were* でも間違いではない）.

しかし，以下のように主語が実際に数えられるようであれば，動詞は当然「複数形」で受けなければならない.

[例] *Two 5 ml portions* of the solution *were* placed in a flask.（5 ml を 2 回，フラスコに加えた）

[例] *A few drops* of acetic acid *were* added.（数滴の酢酸が加えられた）

[例] *Small amounts* of alcohol *were* converted into acid.

cf. *A small amount* of concentrated nitric acid *was added* to the solution.

数字や記号を文頭に出さないようにするためのいくつかの方法がある．それを以下に述べる.

［例］ *To the aqueous solution* was added 20 ml of ethanol.（倒置法）

［例］ *In a 100 ml flask were placed* 10 g of toluene and 20 g of chloroform.（倒置法）

［例］ *A solution of* 20 ml of methylamine *was* added to a 50 ml flask.

［例］ *Sodium chloride*（18.5 g）*was* placed in a beaker.（文頭に NaCl とは書かない）

(5) 接頭語は文頭でも小文字にせよ

tert-, *n*-, *p*-（*m*- あるいは *o*-）などの接頭語は，そのままのスペリングで書き，tert- を Tertiary とか，p を Para とは書かない．

TECHNIQUE 26

- ***tert*-, *p*- など ⟹ イタリックの小文字**
- **化合物の名称 ⟹ 頭文字を大文字**
- **L-（または D-）⟹ 大文字で小さく（光学異性体）**

▶ *tert*-，*p*- などはイタリックの小文字で書き，化合物の名称の頭文字を大文字で表す．

▶ また，光学異性体につけられる L-（または D-）の記号は大文字で小さく書く．

［例］ *tert*-Butyl alcohol was purchased from Y. Chemical.

［例］ *p*-Divinylbenzene was used without further purification.

［例］ D-Amino acid was added to the solution.

TECHNIQUE 27

「上述した」⟹ **"were described above", "*were* shown above"**
「すでに上に書いた過去のこと」なので過去形！

「後で示す」⟹ **"*will be* shown later"「これからのこと」なので未来形！**

「以下に示す」⟹ **"*are* shown below"「現在のことなので」現在形！**

9.2 実験内容の書き方

実験内容に応じて，試薬，装置，操作などいくつかの項目に分けると書きやすい．

TECHNIQUE 28

実験項目が多い場合は，試薬，装置，操作に分けよ！

(1) 試薬（Materials, Reagents）

9-7 すべての試薬は，市販品の分析化学級であり，精製せずに用いた．

▶**まず，市販品を精製せずにそのまま用いた場合には，会社名，純度を記す．純度は "grade" や "数値" で示される．**（p. 21，of＋名詞＝形容詞）

9-7 All reagents were of *analytical grade* and used *without further purification.*

［例］ Most of the monomers *were commercially available.*（市販品という意味）

▶**市販品を精製した場合には，次のように書く．**

［例］ The crude product *was recrystallized* two times from *n*-hexane.

▶試料を提供してもらった場合には，次のように書く．

［例］ The new extractant *was kindly supplied* by Prof. S. Morris.

▶また，合成した試料については，次のように表現すればよい．

［例］ The compound *was prepare*d from the primary amine *according to the conventional method.*（「従来の方法に従って」という意味）

［例］ The compound *was prepare*d from the primary amine *by the method of* Prof. Tanaka.

（2）装置（Apparatus）

▶測定に用いた装置については，次のように記述パターンを利用すればよい

TECHNIQUE 29

were measured *with a* ...
were determined *with a* ...
were recorded *on a* ...
were obtained *with a* ...

"with" の代わりに，"by using", "by use of" も使われる

cf. "were *recorded on*" に注意せよ．以下の例に示す "made" や "record" の動詞には "with" ではなく，"on" が使われる．

［例］ *Measurements* of pH *were made on a* Model 100 pH meter.

［例］ Infrared spectra were *recorded on a* JA-E spectrophotometer.

［例］ XRD patterns of materials were *recorded by using a* JAPAN S-100 diffraction meter with Cu Kα irradiation.（"on" の代わりに "by using" を用いることもできる）

9-8 水相中の金属濃度はICP装置により決定された．

9-8 The metal concentration of the aqueous phase was determined *with an* ICP apparatus.

以下にいくつかの例を示す.

[例] ^{1}H-NMR spectra were obtained *with a* JAM-100 spectrometer with tetramethylsilane as an internal standard.（「内部標準としてテトラメチルシランを用いて」の意味）

[例] The particle sizes of microspheres were measured *with a* laser diffraction particle analyzer.（レーザー散乱粒子計を用いて）

[例] Optical microscope images were obtained *using a* Nippon Model apparatus.

[例] SEM（Scanning Electron Microscopy）images were measured *using a* JAPAN microscope apparatus.

なお, 装置を主語にすれば次のように書ける.

[例] A Japan A-200 spectrometer *was used for* ^{1}H-NMR measurements.

「～の測定のために用いられた」という意味で使用される.

TECHNIQUE 30　"by" vs. "with" どっち？

with＋a＋具体的なもの（道具, 器具, 物質）

by　＋抽象的なもの（手段, 技術, プロセス, システム）

- **The surface was observed *with a* scanning electron *microscope*.（顕微鏡）**
- **The surface was observed *by* scanning electron *microscopy*.（顕微鏡技術）**

▶"by" を使用する場合には, 以下の点に注意せよ.「手段・技術」を表す不可算名詞は, 次のように無冠詞で使用する.

[例] "*by* remote control", "*by* X-ray analysis", "*by* chromatography"

▶例外として「システムやプロセス」を示す場合には不定冠詞をつける.

［例］ The resulting mixture was separated *by a* reversed-phase HPLC *system*.

（3）操作（Procedures）（操作はいくつもあるので「複数形」にする）

9-9　100 ppm の銅イオンを含んだ水溶液がフラスコに加えられた.

▶ここで気になるのは "ion" か "ions" である. どちらが正しいかは以下のように考えればよい.

銅イオンを 1 個だけ代表として取り出し, その濃度はという意味になる. ところが銅イオン 1 個の濃度などというものはありえない（溶液中の銅イオンの数そのものが濃度だから）. このようなときは, "ion" に "s" をつけて "ions" にすればよい.

9-9　**The aqueous solution *containing* 100 ppm copper(II) ions was added to a flask.**

▶しかし, 以下のような場合には "ion" となる.

cf. The reducing power of several of these substances depends on the *hydrogen ion concentration*.（"ions" とはならないことに注意）

［例］ *In order to measure* the adsorption rate of palladium(II), a sample of the adsorbent *was weighed into* a 300 ml flask, *and* the temperature of the flask *was adjusted to* 30℃.（～を測定するために, 重さを量って加えられた, ～に調整された, という意味）

［例］ Samples（1 ml）were withdrawn（collected）*every* five minutes.（5 分ごとに）

9-10　溶液は原子吸光光度計を使って銅イオン濃度を求めるために分析された.

▶"be analyzed for〜" は「〜を求めるために分析する」という意味である.

9-10 The solutions *were analyzed for* copper ion *with* an atomic absorption spectrometer.

9-11 その吸着パーセントは，銅の初濃度と平衡濃度の差から計算された.

9-11 The adsorption percentage *was calculated from the difference between the* initial concentration and equilibrium concentration of copper(II).

[例] The rate constants *were calculated* by means of a linear least-squares method*.

*）ちなみに，「非線形最小二乗法」は，"*a nonlinear least-squares method*" という. "least-squares" の "square" が複数形になっていることに注意する. ついでに "by means of" は「〜の手段を使って」という意味である.

9-12 水相中の塩化物イオンは，フォルハルト法によって測定された.

▶"Volhard method" とはよく知られたこと（「あの有名な」と訳できる）なので，TECHNIQUE 9 に示したように，不定冠詞の "a" ではなく，定冠詞の "the" をつける.

9-12a The aqueous phase *was analyzed for* chloride ion by *the* Volhard method.

9-12b The chloride ion in the aqueous phase *was analyzed* by *the* Volhard method.

Chapter 10

実験結果の書き方

本論で述べた「Reagents（Materials），Apparatus, Procedures」によって得られた実験結果を，図，表や写真などにわかりやすく要領よくまとめなければならない．本文を読まなくても，図や表などを見るだけで実験結果の流れが理解できるようにするべきである．

（1）図と表（Figure and Table）の書き方

▶一般的な図や表の書き方を以下に述べる．

① まず，図には通し番号（実験方法 → 実験結果 → 考察の順）と表題をつける．

② 図の下に “Fig. 1 Relationship between reaction percentage and pH”

③ 縦軸および横軸が何を示すかを必ず書き，単位を入れることを忘れないようにする．

④ 最近は，写真の場合にも “Fig. 3” のように図として取り扱っている場合が多いようである．

⑤ 論文中に図や表が 1 つしかない場合にも，Fig. 1，Table 1 のように番号をつけておいたほうが良い．番号をつけないで “in the Figure shown below” のように書くと印刷のときに図が上へ行ったり，次のページへ行ったりしてしまう．

文章中で図の説明をする場合には，以下の点に注意して書くようにする．

TECHNIQUE 31

得られた「実験結果」は「過去形」「能動態」で記せ！
結果の「解析，所見」は「現在形」を用いよ！
動詞は，"show, represent, illustrate, depict" を駆使せよ！
これに飽きたら，"As shown in Fig. 1, ..." を用いよ！
増減の説明は，"increase with, decrease with, is proportional to"

10-1 図 1 は，反応速度に対する金属濃度の依存性を示している.

▶文章の最初に，Fig. 1 shows.... と略した書き方はしない.

10-1 Figure 1 *shows the dependence* of the metal concentration *on* the reaction rate.

㊟「依存性」が 2 つ以上ある場合にも，"dependence" は単数形で用いる.

[例] The adsorption of copper(II) *was independent of* the equilibrium pH.

[例] As shown in Fig. 1, the oxidation rate *was dependent on* temperature.

[例] Figure 2 *depicts* the curve calculated from Eq. 3.

(2) まず，論文中に示す図と表（Figure and Table）を選べ！

読み手は，まず表題を読み，次に要旨を読む．次に図や表を眺める．したがって，そのオリジナル性と明確さがその論文の価値を決めることになる.

TECHNIQUE 32

図と表は論文の主役であり，必要最小限に抑えよ！

図説明は，無冠詞，単数形を原則とせよ！

▶**図や表は論文の主役であり，論点が集約されたものであることを強く認識し，要領よく「必要最小限」にまとめることが重要である．**

図や表は，一度見ただけで理解できるものでなければならない．「これ見て，次にあれ見て」というような図や表は不親切である．

▶たとえば，比較する場合や近い関係にある図は，Fig. 1, Fig. 2 とはせずに，Fig. 1 に（a),（b）としてまとめた方がわかりやすい．

TECHNIQUE 32 でも示しているように，Caption（図番号と図の説明をまとめたもの）や図説明の中の名詞については，冠詞や単数・複数の問題は特に注意しなくてもよい．できるだけ冠詞を省き，単数形で表示した方がよい．もちろん "The" を入れたり，「複数形」にしたりしても構わない．

［例］（○）Fig. 1 Typical adsorption isotherm.

［例］（△）Fig. 1 *The* typical adsorption isotherms.

㊟ 図説明の最後のピリオドをつけるか，つけないかは雑誌によって異なるので，投稿要領に従うこと．

論文の主役である実験結果や論点をわかりやすくまとめた図や表は，読者の興味をひくためにも，本文以上に重要なものである．

(3)「増減」の表し方

図が何を示しているかを明らかにした後は，その内容を説明する必要がある．その中で最もよく使われるのが，「増減」の表現であろう．以下にいくつかの例を示す．

10-2　図３は，反応速度がＡの濃度の増加と共に増加することを示している．

▶**「増減」の表し方をいくつか身につけよう！**

10-2 Figure 3 *shows* that the reaction rate *increases with increasing* concentration of A.

***cf.* "*increasing*" は現在分詞であるため，その後に「冠詞」はつかない．**

［例］ The reaction percentage *increases with an increase in* temperature.

［例］ The reaction percentage *almost linearly increases with an increase in* temperature.

10-3 アミノ酸の吸着率が吸着時間に対してプロットされた．

10-3a The adsorption percentage of amino acids *was plotted against* adsorption time.

10-3b The adsorption percentage of amino acids *was plotted as a function of* adsorption time.（関数としてプロットされた）

㊟ 原点を通る場合と通らない場合の表現法〈比例関係〉

［例］ The reaction percentage *is proportional to* temperature.（"*is proportional to*" は，原点を通る直線関係にしか使えないことに注意せよ）

［例］ The reaction percentage *linearly increases with an increase in* temperature.（原点を通らない場合に用いる）

なお，上述したように本文中に図や表が 1 つしかない場合でも，Fig. 1，Table 1 のように番号をつけておいたほうが良い．しかし，投稿する雑誌によるかもしれない．

㊟〈反比例関係〉の表現法

［例］ The metal concentration in the organic phase ***is inversely proportional to*** pH in the aqueous phase.

(4)「実験結果」で，よく使われる動詞とは？

▶次に示す単語は自由に使えるようにすること！

TECHNIQUE 33

reveal, find out	今までわからなかったものが明らかとなる
show, exhibit	示す，表示する
depict	示す，描写する
illustrate	図解する，実例や比較などを挙げて説明する，例証する
demonstrate	立証する，論証する，証明する
express	（言葉や表情で）言い表す，描き出す，式に示す
indicate	指摘する，表示する，指し示す
present	提出する，提示する，示す
suggest	示唆する，暗示する

As described above... 上述したように

（5）Effect of ～か Effects of ～か？

Effect of か Effects of かはどのように使い分ければいいのだろうか？

その判断は，これらが抽象名詞か，普通名詞かの違いによる．実験をやっているといろいろなファクター（実験因子）が出てくる．したがって，実験での影響は決して単純ではなく，いくつかの影響があるはずである．これらのいくつかの影響（effects）が考えられるが，そのすべてを含んで "Effect of ～" という単数で「抽象名詞」として表しているのである．最近では "Effects of ～"，"Studies of ～"，"Measurements of ～" などの複数形を使用している場合が多くなっているようである．

Chapter 11

考察（Discussion）の書き方

「考察」は，実験で得られたデータを基に解析し，個性豊かに自分の考えや主張を繰り広げる要所である．また序論（Introduction）で目標にした課題に対する解答や新発見なのか，これまでの知見との相違点はあるのか，あるいはどのような反応メカニズムになっているのか？　まさしく“Discussion”の場である．ここでは，読み手が引き込まれるような執筆者の考えや主張をストーリー性をもたせて書くことが重要である．以下にその手順を示す．

(1) **図と表から考察の流れを決定せよ！**

いよいよ論文のクライマックスである“Discussion”に関する表現である．ここでのポイントは，まず，**図と表から考察の流れを決定する**ことであろう．

(2) **基本パターンを駆使せよ！**

ここで使われる**表現パターン**は，Chapter 4で述べた「幹となる表現」で示した表現が応用できる．

TECHNIQUE 34

「考察」は，原則として「現在形」で書け！
動詞は，まずは“indicate, suggest, explain, is due to”を駆使せよ！
飽きたら“elucidate, interpret, be in good agreement with”を用いよ！

11-1　実験結果は，金属の吸着において水素イオンが重要な役割を果たししていることを示した．

(3) 使う動詞を上手く選択せよ！

「考察の流れ」が決まったら表現パターンを選択し，TECHNIQUE 33 に示したような動詞を選ぶことが重要であろう.

▶論文の中で行う“検討”，“推測”，“解釈”などは「現在形」で書くようにする.

11-1 The experimental results *indicate* that hydrogen ions *play an important role in* the metal adsorption.

[例] An enzyme reaction model *was proposed* to *account for* these results.

[例] This effect *can be best explained in terms of* the adsorption of anions.（*in terms of* ～＝～によって，～の観点から）

[例] The *difference in* reactivity may *be attributed to*（=*be due to*）the steric hindrance.

[例] These theoretical values *are in good agreement with* the experimental results.

11-2 パラメータを求めるために，結果をラングミュアプロットにより処理した.

▶あの有名なラングミュアの式 ⇒ “the” がつく

11-2a The results *were treated by* the Langmuir plot for obtaining the parameters.

▶*were subjected to* の使い方を熟知せよ！

11-2b The results *were subjected to* the Langmuir plot for obtaining the parameters.
（ラングミュアプロットにあてはめた）

11-2c Least-squares fitting（method）*was applied to* the experimental points.
（最小二乗法を実験点に適用した）

Chapter 12

結論（Conclusions）の書き方

ここでは，実験や解析の結果から導かれる最終的な見解を記述する（まとめる）．すなわち，重要な事柄に絞って短い文章で簡潔に述べることになる．

▶まず，結果と考察をまとめよ！

> TECHNIQUE 35
>
> **「結果」と「考察」から「結論」を導け！**
>
> **（図と表は使用しない！）**
>
> **① 何を目的に，何をしたのか**
>
> **② 何が得られ，どう評価したのか**
>
> **③「過去形」で書け！（最終フレーズの結論は「現在形」でも可）**

▶「図と表」は使用せずに，結果と考察から「結果」を導くこと．

ここでは，Abstract（要約）と Conclusions（結論）だけを読んで内容を理解しようとする読者も多いことから，繰り返しになるとしても正確に記述すべきであろう．

㊟「手法上の問題点や今後の課題」を結論に含める執筆者もいるが，これらは考察に含めるべきものであり，結論の章に記述するのは好ましくない．

▶初心者にとっては，Abstract と Conclusions の区別が難しいかもしれない．最初は箇条書き（1：1 対応でなくともよい）にすると明快である．さらに慣れてくると箇条書きをつないだ文章でまとめるようにしたいものである．

TECHNIQUE 36

「結論」は原則として「過去形」で書け！
最初は「箇条書きで良し」とする！
「結論」は，はっきりした表現を使え！

× **It might（could）be concluded that ....**
○ **We concluded that ....**
○ **We found that ....**

一般に化学英語論文では客観的な記述が要求されるから，受動態（passive）が用いられる．しかしすべてがそうではない．

Remark!!! active か，passive か？

「温度を上げると平衡定数が減少する」を訳して

As the temperature is lowered, the equilibrium constant is decreased.

は正しいのか？

前半の「温度が下げられる」というのは，それが人為的に行われるのであるから差し支えないが，そのとき「平衡定数が減少する」のは（間接的には人為的だといえるかもしれないが）現象論的には「平衡定数そのもの」が自分で減少するのである．したがって，

As the temperature is lowered, the equilibrium constant decreases.

が正しいことになる．

一方，As the temperature decreased とすると，この場合は温度が人為的ではなく，自然に低くなることを意味する．すなわち，以下のようにまとめることができる．

TECHNIQUE 37

人為的に行った動作 ⟹ 受動態（passive）
その結果起こる現象 ⟹ 能動態（active）

Chapter 13

謝辞 (Acknowledgments) の書き方

研究が完了し，論文を書き上げたときには研究費の補助や助言をいただいた人に「感謝の意」を述べることは重要である．感謝の言葉を述べるには以下のような表現がよく用いられる．

TECHNIQUE 38

	are sincerely grateful to	A	for	B
The authors +	wish to thank	A	for	B
	acknowledge	B	for	A

▶A は感謝の対象となる相手（人，財団等）であり，B は感謝の対象となる内容である．

▶A については，Dr. M. Yokoyama, Professor W. G. Wang, the Japan Science Foundation などである．

▶B については，以下のようなものが考えられる．

“the Japan Science Foundation, a generous gift sample, many discussions, valuable discussions, his continuous encouragement and interest, useful suggestions, the synthesis of 2-(chloromethyl)pyridine, his help and advice in the preparation of this paper (not advices), his comments on this paper” など．

㊟ **“acknowledge” の場合は，A と B が逆転していることに注意**

［例］ The authors gratefully *acknowledge* support for this project *by* a grant from the Ministry of Education, Culture, Sports, Science and

Technology, Japan.（文部科学省からの支援）

これらの中でも，以下のような言い方が多いようである.

［例］ The authors *are grateful to* the Japan Science Foundation *for* support of this research.

［例］ The authors *wish to thank* Dr. Iwata *for* help and advice with extraction studies, and Professor M. Wada *for* useful suggestions for the synthesis of the new extractant.

［例］ The author *wishes to thank* Dr. Tanaka *for* the synthesis of hydroxybenzophenone.

［例］ The author *thanks* Professor Suzuki *for* many discussions.

最近は次のような表現も見受けられる.

TECHNIQUE 39

We appreciate + もの + with + もの

We would like to thank + 人 + for + もの

▶ **"appreciate" の後は「もの」が来ることに注意せよ.「人」はこない.**

［例］ We *appreciate* the advice received from Professor Yamanaka *with* the ^{1}H-NMR measurements and from Mr. M. Morris *with* the IR spectra.

［例］ We *would like to thank* Dr. Mine and Dr. William *for* preparing the chitosan beads.

（㊟ chitosan はカニやエビの殻から生産されている天然多糖類）

Chapter 14

引用文献 (References) の書き方

一般的には，雑誌名はイタリック，巻数は太字，単行本はローマン体で書くのが原則であるが，雑誌によって若干異なるので各雑誌の投稿規程をよく見て書く．

TECHNIQUE 40

コンマ「,」と，ピリオド「.」の後は，1 コマ開けるのを原則とせよ！

例を以下に示す．途中に "and" を入れる場合と入れない場合があるので，投稿規程に従うこと．なお，以下の _ は 1 コマあけるという意味であるが，これは文章を書くのと同じ形式である．

(1) Y._Nakai_and_F._W._Morris,_*J._Am._Chem._Soc.*,_**881**,_351-1352 (2003).

(2) T._Nakahara,_Y._Okayama,_*Kobunshi Ronbunshu*_ (in Japanese), _**1988**,_59,_765-768.

(3) Y._Nakamura, _W._G._William,_"Solvent Extraction",_Vol._18,_Wily, _New_York,_N._Y.,_ 2006,_Chap._5,_pp._111-151.

▶なお，参考ページが 1 ページだけの場合には，"p._28." のように書く．

未刊行の雑誌の引用

未発表の論文などを引用する場合には，次のような表現を用いて書けばよいが，“*in press*” を除き，あまり引用しないほうがよい．

「私信」..............*personal communication, private communication from Dr. A.*

「未発表」..............*unpublished data, unpublished results.*

「投稿準備中」......*in preparation, manuscript in preparation.*

「投稿中」..............*submitted for publication*（in *J. Chem. Soc.*）

「掲載予定」..........*to be published*

「印刷中」..............*in press*, *J. Am. Chem. Soc.*,

［例］ T. Ohya, Y. Nakayama, and Y. Morris, *J. Am. Chem. Soc.*, *in press.*

［例］ M. Morita and Y. Mizuki, *in preparation.*

［例］ *Private communication* from Dr. A.

Chapter 15

脚注の書き方

「脚注」は，意外と使い勝手がよいので，その活用法を簡単に説明する．脚注とは，当該ページの下部で本文の枠外に記載される短文のことを言い，専門用語の解説や補足説明など，文書中の特定の部分の内容をより詳細に説明するために使われる．実際には，文章中の説明したい箇所に米印（※）や脚注番号などの特定の記号をつけ，ページ下の欄外や文書の末尾に説明となる記述を添える形式が一般的である．

1．口頭発表

▶**論文の内容がすでに口頭で発表されたものであれば，そのことを脚注に示しておく．**

［例］ *Presented in part at* the 58th Annual Meeting of Chemical Engineering of Japan, Fukuoka, Japan, April 2009, Abstracts, p. 118.

［例］ *Presented in part at* the Symposium on the Separation Science, Nice, France, Oct. 8, 2009.

［例］ *Presented at* the 2nd International Congress of Chitin and Chitosan, Montreal Canada, Nov. 11, 2009.

2．学位論文

▶**発表内容が学位論文に関しているのであれば，脚注にその旨を示す．**

［例］ *Taken from* the Ph. D. Thesis of Y. Matsuo, Massachusetts Institute of Technology, 1982.

［例］ *Taken from* the Master's Thesis of M. Itoh, University of Florida, 1988.

［例］ *Taken from* the Ph. D. Theses of Y. Nakayama and Y. Morris, Peking University, 1980.

3. 研究機関名と住所

▶研究を行った機関名とその住所を脚注に示す場合は，執筆者名のすぐ下に書く．

［例］ Jack W. Morrison

Present address: Department of Biochemical & Chemical Engineering, Massachusetts Institute of Technology, Cambridge, Massachusetts 02139.

［例］ Susan M Morris

Present address: Department of Chemistry, Massachusetts Institute of Technology, Cambridge, Massachusetts 02139.

［例］ *Address correspondence to this author*: Department of Applied Chemistry, Faculty of Engineering, University of Florida, Gainesville, Florida.

Appendix

A-1　スペースの入れ方

文章中でカッコや数式の等号や不等号の前後，あるいは数値と単位の間にスペースを入れるが，その方法の一般的な決まりを説明する．

> **TECHNIQUE 41**
> **ピリオドとコンマではスペースの入れ方は同じだ！**
> **数値と単位の間のスペースには注意せよ！**

(1) 数値と単位の間にスペースを入れない場合

▶まずこれらを覚えよ！

℃　°　%　′(分)　″(秒)　#(ナンバーの意味)　$　£(ポンド)　¥

[例]　100℃　50°　88%　83°21′23″　$50　#7　£100

(2) 数値と単位の間にスペースを 1 つずつ入れる．

[例]　15_m,　200_v,　30_g,　25_ml,　3_m^3,　1.0_mmol/dm^3

[例]　(○) The fiber is 100_μm long.

(×) The fiber is 100 μm long.

(3) かっこの前後，数式の符号の前後にスペースを 1 つずつ入れる．

[例]　(×) The extractant(D2EHPA)_was used for recovery of cobalt.

(○) The extractant_(D2EHPA)_was used for recovery of cobalt.

[例]　(×) Three samples_(A,B,C)_were used for elemental analysis.

(○) Three samples_(A,_B,_C)_were used for elemental analysis.

［例］（×）Substituting α=1 into the equation, we obtain the following.
（the following：単数形で複数形の意味も表す．）
（○）Substituting α_=_1 into the equation, we obtain the following.

（4）表記名と数字の間にスペースを 1 つ入れる．

［例］（×）Equation(3)　（○）Equation_(3) → Eq._(3)
［例］（×）Figure1　（○）Figure_3 → Fig._3
［例］（×）Chapter3　（○）Chapter_3 → Chap._3

（5）参考文献の表記する際のスペースを適切に入れる．

基本的には，“ピリオド”と“コンマ”の後ろは 1 コマ（_）あける．

［例］

1._H._Tanaka,_K._Kodama_and_S._Yokoyama,_*Solv._Extr._Ion_Exch.*,_**2**,_839_(1984).
2._F._T._Edelmann, _*Coord._Chem._Rev.*,_**284**,_124-205_(2015).
3._W._Wang_and_C._Y._Cheng,_*J._Chem._Technol._Biotechnol.*,_86, _1237-1246_(2011).

A-2　数量の表現法

（1）純度，収率

1）palladium of 99.99% *purity*
2）platinum of 99.99% *in purity*
3）99.99% *purity* platinum
4）*in a* 98% *yield*
5）*in* 65% and 57% *yields*
6）*in* reasonable *yield*

（2）直径，半径

1）The glass tube was 2 mm *in diameter*.
2）The glass tube was of 2 mm *diameter*.

3) The glass *tube diameter* was 2 mm.

4) The *radius* of a glass tube is 2 mm.

5) A glass tube 2 mm *in radius* was used.

(3) 厚さ，長さ

1) Film 5 μm *in thickness* was used.

2) Film 5 μm *thick* was used.

3) The film used *was of 5 μm thickness*.（“of＋名詞” は，形容詞句）

4) A 5 μm *thickness* film was used.

5) A 5 μm *thick* film was used.

6) A wire of 50 mm *in length* was used.

7) A wire 50 mm *long* was used.

(4) 高さ，深さ

1) The chromatographic column 50 cm *high* was used.

2) The chromatographic column 50 cm *in height* was used.

3) The chromatographic column used was 50 cm *high*.

4) The beaker is 10 cm *in depth*.

5) The stirring plate was placed *at a depth* of 5 cm.

6) The beaker is 20 cm *deep*.

7) The beaker has *a depth of* 10 cm.

(5) 広さ，面積

1) samples with *a surface area* of 20.0 m^2

2) paper 10 cm *long by* 20 cm *wide*

3) plates of 1 cm^2 *area*

4) charcoal with *a specific surface area* of 800 m^2/g.（比表面積）

5) the glass plates（*5 mm × 3 mm × 0.2 mm*）

（6）大小の比較，その範囲

1）films *less than* 4 μm *in thickness*

2）glass tubes of *2.1 to 3.1* cm *in diameter*

3）membranes *over* 20 μm *in thickness*

4）membranes *of* 45 μm *in thickness*

5）films *as thin as* 12 μm

（7）倍数

1）The adsorption rate in seawater was *five times that* in distilled water.

2）The extraction rate of copper is *about twice*（*two times*）that of ferric iron.

3）The reagent was purified *10-fold over* the crude extracts.

A-3　よく使われる略語

文を簡潔にするために，文中にラテン語を使うことがある．化学英語論文ではよく用いられている．以下に代表的な使い方を示すが，やたらと使うことは良しとしない．

（1）etc.

「～など，その他」の意味で，たとえば執筆者がわかるだけの項目を並べ，文章中に書ききれないときには，その項目の列の最後にコンマをつけてから“, etc.”というふうに書く．

（2）*et al.*

これは“and　others”の意味であり，執筆者や研究グループを紹介するときに用いる．研究代表者を一人とその他を紹介するときは“Stevens *et al.*”というふうに書いて“, *et al.*”のように“ , ”（コンマ）を入れる必要はない．

(3) i.e., e.g.

“i.e.” は “that is（すなわち）” の意味であり，“e.g.” は “for example”（たとえば）を意味する．これらを読むときは，意味のとおり読めばよい．

(4) *ibid.*（*ibidem*）

“*ibid.*” は論文の “reference” 内に使われるもので同じ場所（同上）にという意であり，書名，執筆者名の繰り返しを避けるために用いる．イタリック体で用いる．

(5) ca.

“ca.” は “about（およそ）” の意味であり，以下のように用いる．
The resulting compound was dissolved in *ca*. 20 ml of 5% ether in toluene.

(6) *cf.*

“*cf.*” は “confer（参照）” の意味であり，注目してほしいときによく使われる．

(7) *via*

“*via*” は “by way of（～を経て）”, “passing through（～を通って）” の意味であり，イタリック体を用いる．

(8) *in vacuo*

“*in vacuo*” は “in vacuum（真空中）” の意味であり，実験操作でよく使われる．イタリック体で書く．
The ion exchanger was dried at 50℃ *in vacuo*.

(9) *in vitro*

“*in vitro*” は “in the glass tube（試験管内で）”，イタリック体を用いる．

(10) *in vivo*

“*in vivo*” は “in the living organism（生体内で）” の意味であり，イタリック体を用いる．

(11) vs.

“vs.” は “against（〜に対して）” の意味であり（ラテン語 *versus* と読む），図や表の説明によく用いられる．ただし本文中では用いない方が良い．

(×) This figure shows the relationship of the adsorption percentage vs. pH.

(○) This figure shows the relationship of the adsorption percentage against pH.

(12) viz.

“viz.” は “namely（すなわち）” の意味であり，文章中でも使用できる．

参考文献

1. 日本物理学会 編：「科学英語論文のすべて」第2版，丸善（1999）
2. 小野義正 著：「ポイントで学ぶ科学英語論文の書き方」，丸善（2001）
3. 野口ジュディー・松浦克美・春田伸 著：「Judy 先生の英語科学論文の書き方」，講談社（2015）
4. 今村昌 著：「化学英語論文を書くための11章」，講談社（1987）
5. 木下是雄 著：「理科系の作文技術」（中公新書），中央公論社（1981）
6. 平野進 編著：「技術英文のすべて ── 研究論文の書き方から実務に必要な知識まで」第7版，丸善（1991）
7. 篠田義明 著：「工業英語の語法」，研究社（1977）
8. 小稲義男 他 編：「新英和大辞典」，研究社（1982）
9. マーク・ピーターセン 著：「日本人の英語」（岩波新書），岩波書店（1988）
10. 原田豊太郎 著：「理系のための英語最重要キー動詞43」（ブルーバックス），講談社（2015）
11. 千原秀昭・Gene S. Lehman 著：「科学者のための英語教室 II ── 論文・講演に役立つ基礎知識」，東京化学同人（1996）
12. 市原A・エリザベス 著：「ライフ・サイエンスにおける英語論文の書き方」，共立出版（1982）
13. 原田豊太郎 著：「間違いだらけの英語科学論文 ── 失敗例から学ぶ正しい英文表現」（ブルーバックス），講談社（2004）
14. 小野義正 著：「本当に役立つ科学技術英語の勘どころ」，日刊工業新聞社（2007）
15. 原田豊太郎 著：「理系のための英語論文執筆ガイド ── ネイティブとの発想のズレはどこか？」（ブルーバックス），講談社（2002）
16. 廣岡慶彦 著：「英語科学論文の書き方と国際会議でのプレゼン」，研究社（2009）
17. 井口道生 著：「科学英語の書き方・話し方 ── 伝わる論文と発表のコツ」，丸善（2009）
18. 廣岡慶彦 著：「理科系のための入門英語論文ライティング」，朝倉書店（2005）

〈著者紹介〉
馬場由成（ばば　よしなり）
1973年　佐賀大学理工学部工業化学科卒業，工学博士（九州大学）
佐賀大学助教授，宮崎大学教授，La Trobe University 客員教授，
The University of Melbourne 客員教授を経て
現　在　宮崎大学特任教授，宮崎大学名誉教授
日本学術会議連携会員（H. 26～R. 2）
文部科学大臣表彰 科学技術賞（研究部門）受賞
専　門　環境化学工学，分離機能材料工学

小川裕子（おがわ　ゆうこ）
2005年　宮崎公立大学人文学部国際文化学科卒業
La Trobe University Language Center，William Angliss Institutes
を経て
現　在　日向学院英語科教諭
専　門　英語教育，ビジネス英語

テクニックを学ぶ
化学英語論文の書き方

Useful Techniques for Writing Research Papers in English

2023年1月30日　初版1刷発行

著　者　馬場由成・小川裕子　©2023
発行者　南條光章
発行所　**共立出版株式会社**
〒112-0006
東京都文京区小日向 4-6-19
電話　(03) 3947-2511（代表）
振替口座　00110-2-57035
URL　www.kyoritsu-pub.co.jp/
印　刷　精興社
製　本　ブロケード

一般社団法人
自然科学書協会
会員

検印廃止
NDC 430.7, 836.5
ISBN 978-4-320-14000-4

Printed in Japan